BIBLIOTHÈQUE

USUELLE

DES VILLES & DES CAMPAGNES

PAR

GILLET-DAMITTE

Ancien Inspecteur de l'Instruction primaire, Breveté pour l'Instruction primaire élémentaire, supérieure et secondaire ; Lauréat de la Société pour l'Instruction primaire et de l'Athénée de Paris ; Membre correspondant de la Société d'Archéologie d'Eure-et-Loir, de la Société Académique d'Orléans ; Officier de l'Instruction publique ; Chevalier de l'Ordre impérial du Lion et du Soleil, de la Perse.

Les ouvrages les plus courts
Sont toujours les meilleurs.
(LAFONTAINE.)

PETIT MANUEL
DE LA BONNE CUISINE
économique et simplifiée.

Prix : 30 cent. ; avec planches, 35 cent.

PARIS,

LIBRAIRIE DE Ch. BLÉRIOT, ÉDITEUR,

55, Quai des Grands-Augustins, 55.

Pour contribuer, par nos efforts, aux bienfaits de l'Enseignement élémentaire, nous avons composé la *Bibliothèque usuelle de l'Instruction primaire*. Favorisé dans cette œuvre par le concours d'un homme connu par son dévouement à l'Instruction publique autant que par son mérite comme éditeur, et par son talent comme typographe [1], nous avons eu le bonheur de surmonter les difficultés multipliées que présentait cette tâche dans la rédaction et dans la disposition typographique des vingt-cinq volumes de cette utile collection. MM. les Instituteurs et les pères de famille ont accueilli avec une bienveillance marquée dont nous les remercions, ces modestes travaux.

Excité par ce succès, nous avons entrepris la publication de la *Bibliothèque usuelle des Villes et des Campagnes*. Propager dans la société par des ouvrages à bon marché, et résumant, d'une manière claire, les notions indispensables qui se rapportent à l'agriculture, au commerce, aux arts professionnels, à l'économie rurale, au jardinage, aux métiers, à l'économie domestique, à l'élève des animaux utiles, à tout ce qui tient au bien-être, au profit ou à l'agrément des personnes de la ville et des campagnes ; fournir à tous, dans un cadre resserré, des précis méthodiques où chacun puisse trouver, relire ou apprendre, sans dépense d'argent et sans l'emploi d'un temps considérable, les détails relatifs à ses travaux, à ses goûts ou à son ménage, comme propriétaire, ouvrier, comme père ou mère de famille ; contribuer enfin, quoique d'une manière modeste, à la prospérité de la patrie en éclairant le travail, en facilitant l'utile emploi du temps : tel est le but que nous avons cherché à atteindre en publiant la *Bibliothèque usuelle des Villes et des Campagnes*.

Puisse le public encourager aussi ces nouveaux travaux que nous lui offrons.

L'art de la cuisine que pourtant des hommes d'esprit comme Brillat-Savarin n'ont pas dédaigné de célébrer, sortait assurément de notre compétence. Mais un ecclésiastique jouissant d'une grande aisance, très-bon pour les autres, très-sévère pour lui seul, nous a fourni des notes qu'il avait recueillies pour guider sa gouvernante lorsqu'il recevait ses amis. Ce prêtre vertueux donnait aux pauvres les deux tiers de son revenu, et, à ses amis, quand ils venaient chez lui, tout ce qu'il possédait. Les recettes que nous avons mis en ordre sous le contrôle de femmes du monde, économes et intelligentes ménagères, s'élèvent au chiffre de *deux cent quarante*. C'est l'ensemble plus que suffisant, pour ne pas dire complet, des règles de la cuisine rendue facile autant qu'économique, à la portée de tous les ménages et pouvant servir de guide aux fidèles servantes, même des meilleures maisons.

GILLET-DAMITTE.

[1] M. J. Delalain, Chevalier de la Légion-d'Honneur, Officier de l'Académie de Paris, etc.

PETIT MANUEL
DE LA BONNE CUISINE

ÉCONOMIQUE ET SIMPLIFIÉE.

— ◆ —

Introduction.

Dans un repas prié, la table doit être d'une dimension telle que chaque convive y soit à l'aise. Il faut six décimètres à chaque personne; pour douze invités, on doit avoir une table de 7^m,20 de tour et d'environ 1^m,80 de large. La cuillère se place à droite de l'assiette, le couteau à côté et la fourchette à gauche, car il est reçu qu'on puisse porter de la main gauche la fourchette à la bouche; les verres d'usage sont rangés en face des convives assis. Le pain est placé dans un pli de la serviette. Plusieurs couverts de rechange, avec la grande fourchette et les couteaux à découper, doivent être placés à la portée de la personne qui fait les honneurs; les assiettes à soupe sont disposées en pile un peu à sa gauche. Le vin et l'eau doivent être à la portée des convives.

Repas à un service. Le repas à un service ou *ambigu* comprend tout ce qui doit paraître sur la table depuis le potage jusqu'au dessert. Le déjeuner est le plus souvent un repas à un service.

Repas à deux services. Un dîner à deux services est ainsi compris : sur le milieu de la table, le *relevé*, accompagné de *deux entrées* et de *deux entremets*, avec les raviers ou hors-d'œuvre, et, aux deux extrémités de la table, les plats de dessert. La soupière ne figure pas sur la table, où, si elle y vient, elle se pose près de la maîtresse de la maison, qui sert les invités, après quoi on l'enlève. Le plat de relevé est remplacé par le rôt ou rôti.

Repas à trois services. Les repas *à la française*, encore usités, se composent de trois services, ainsi disposés :

1.

PREMIER SERVICE. — *Les Entrées* : le potage, le relevé [1] de potage, les entrées [2], les hors-d'œuvre [3].

DEUXIÈME SERVICE. — *Les Entremets* [4] : le rôt, les entremets froids et chauds, les salades. On a desservi le relevé et les entrées et laissé les hors-d'œuvre.

TROISIÈME SERVICE. — *Le Dessert.* Le Dessert est formé de toutes choses friandes et de vins fins. Avant de le servir, les salières et les hors-d'œuvre, les fourchettes et les couteaux ordinaires, ainsi que tous les plats, sont enlevés et la nappe brossée. A la fin du dessert, on sert avec les liqueurs le café. Chacun sucre lui-même.

De la Cuisine.

La *cuisine*, appelée aussi l'art culinaire, est l'art de préparer ou de disposer proprement, d'une manière salubre, appétissante et élégante, les substances alimentaires. La cuisinière doit apporter le plus grand soin à ce que tous les ustensiles servant à cet office soient toujours tenus récurés et fourbis, ou soient en bon état d'étamage. Les substances alimentaires sont des substances animales et des substances végétales. Les substances animales comprennent toutes les viandes, le poisson, les œufs et le laitage. Les substances végétales sont les légumes et les fruits.

Règles générales. — *Pour les viandes.* 1° Toute préparation de cuisine, comme le pot-au-feu, une sauce ou un ragoût, doit se cuire à petit feu, c'est-à-dire en *mijotant*, en *mitonnant*, et le bouillon ou l'eau dont on les mouille, y doivent être versés avec une grande modération. Tout ce qui cuit à grand feu et dans un liquide trop abondant perd sa saveur, car les sucs de la viande ne se dissolvent que lentement et à un feu doux; 2° Mettez généralement de

[1] C'est le bœuf bouilli ou une autre pièce de consistance qui est mise à la place du potage lorsqu'il est servi aux convives.
[2] Les entrées sont des plats de viande ou de poissons que l'on sert ordinairement avec une sauce pour accompagner le bœuf ou le relevé.
[3] Hors-d'œuvre, petits mets appétissants, comme radis, beurre, sardines, cornichons, qu'on sert en dehors des autres plats jusqu'au dessert.
[4] Les entremets sont des plats plus légers que les entrées et qui accompagnent le rôti. Un entremets sucré, comme une crème, est de rigueur.

l'ail, plus ou moins, dans la préparation des viandes noires, comme le bœuf, le mouton; n'en mettez pas dans la préparation des viandes blanches, comme le veau, le lapin, le poulet et le porc. 3° Toute sauce, qui demande à être liée, ne doit pas recevoir la liaison pendant qu'elle bout sur le feu, mais aussitôt qu'on l'en a retirée. 4° Les viandes rôties doivent être saisies par un feu un peu vif pour qu'elles prennent couleur et qu'elles conservent mieux leurs sucs, fréquemment arrosées pendant qu'elles sont à la broche, et saupoudrées de sel aussitôt après qu'on les en a retirées. 5° Toutes les fois qu'on met sur le gril une viande ou un poisson, le gril doit être auparavant bien chaud, afin que la *grillade* ne s'y attache pas et ne soit pas endommagée.

Pour les légumes. 1° Pour que les légumes secs, les haricots, etc., cuisent bien, il faut les mettre au feu quand l'eau est tant soit peu tiède, mais non chaude. Si, par leur nature, ces légumes sont *durs à cuire*, on peut diminuer ou détruire ce défaut en ajoutant à l'eau gros comme une noisette de carbonate de soude. 2° Pour que les légumes verts cuisent bien, on doit les mettre au feu dans l'eau bouillante, jamais dans l'eau froide. 3° Tout légume sec ou vert cuit d'autant mieux qu'un corps gras a été ajouté à l'eau où il est plongé. L'eau, dans tous les cas, doit être salée.

Pour les poissons. Tout poisson cuit au court-bouillon ou en matelotte aura la chair ferme si la sauce contient de l'ail.

POTAGES GRAS. — *Le pot-au-feu.* Prenez trois litres d'eau pour un kilogramme de bœuf, y compris les os. Mettez la viande, avec une pincée de sel, dans le pot en même temps que l'eau *froide*, car, lorsque la viande est plongée dans l'eau chaude, le pot n'écume pas. C'est au bout d'une demi-heure que le pot écume. On enlève l'écume par motif de propreté seulement, car l'écume n'est que de l'albumine, l'un des principes de la viande. Alors, on y met un chou ordinaire, une carotte, un navet, deux poireaux, une gousse d'ail, une racine de persil ou un panais, deux clous de girofle, un ognon brûlé ou du caramel pour colorer. Le pot doit mitonner pendant environ six heures. Quand le bouillon est fait, on le dégraisse en enlevant, avec une cuiller, la graisse qui surnage; et, avant de le jeter sur le pain, on provoque une ébullition complète. On verse le bouillon dans un *passe-bouillon* placé sur la soupière. On recouvre aussitôt la soupière pour que le pain trempe plus vite. On retire les légumes pour les mettre sur un plat à part, surtout les poireaux qui se mangent toujours avec le potage ; le bœuf se met sur un autre plat, garni de persil ou accompagné des autres légumes. Le bouillon gras, dans lequel le chou a cuit, se conserve difficilement. On joint, avec profit, au pot-au-feu toutes sortes d'abatis de volailles, un morceau de poitrine de mouton, les os de rôtis ; le veau, qui affadit le bouillon gras, doit être exclu du pot-au-feu, excepté le cas de maladie. La viande tuée de la veille est la plus succulente. La meilleure est la tranche, la culotte, le milieu du trumeau, le bas de l'aloyau et le gîte à la noix. On appelle consommé du bouillon gras réduit par une ébullition prolongée. —*Bouillon de poulet pour les malades*. Faire bouillir le quart d'un poulet maigre dans un litre d'eau, avec une laitue et du cerfeuil et quelques grains de sel. Le *bouillon de veau* se fait de même. — *Potage aux choux*. On fait cuire, pendant trois ou quatre heures, des choux, des carottes ou des navets avec un morceau de petit lard frais ou salé, un morceau de saucisson et de poitrine de mouton. On trempe le potage avec le bouillon, et le petit-salé se sert *à la bourgeoise*, entouré des choux. La poitrine de mouton se sert grillée. — *Potage gras au riz*. Prenez une cuillerée de riz par personne ; après l'avoir bien lavé dans l'eau tiède, faites-le cuire pendant trois heures, avec du bouillon en quantité suffisante pour que le potage ne soit ni trop clair, ni trop épais. — *Potages au vermicelle, aux pâtes, semoule, tapioca, sagou, fécule*. La proportion est d'une cuillerée par personne. Faites bouillir le bouillon gras et jetez-y le vermicelle après l'avoir rompu dans les doigts en le semant. Répandez la semoule et le tapioca en tournant le bouillon. La fécule doit être préalablement délayée à froid dans un peu de bouillon. Un quart d'heure de cuisson est suffisant. Le sagou exige une heure. — *Potage à la julienne*. Vous coupez bien fin, carottes, navets, panais, céleri, ognon, laitue, poirée, et vous les faites revenir avec du beurre pendant un quart d'heure en mouillant avec de l'eau ; puis ajoutez du bouillon gras et laissez bouillir le tout pendant trois quarts d'heure, et versez sur des soupes de pain, après avoir salé et poivré. La julienne reçoit avec avantage une purée de pois; elle se sert avec ou sans pain. — *Potage à l'ognon*. Coupez de l'ognon en filets, faites-le roussir dans le beurre; mouillez-le avec de l'eau, puis versez-y du bouillon gras, et salez et poivrez; quand le tout est en ébullition, versez sur des soupes de pain. Ce potage se fait au maigre avec de l'eau au lieu de bouillon. — Le *Potage aux poireaux* se fait de la même manière. — *Potage à la purée et aux croûtons*. D'abord, faites frire ou revenir dans du beurre frais de petits carrés de mie de pain. Puis, ayant fait cuire des pois dans une marmite avec ognons, carottes, un clou de girofle, le tout mouillé de bouillon, vous les écrasez et les passez à la passoire et obtenez la purée. Ajoutez du bouillon à la purée pour qu'elle ne soit pas trop épaisse et versez sur les croûtons. Les potages à la purée de tous légumes, verts ou secs, se font de la même manière.

POTAGES MAIGRES. — *Potage aux choux*. Faites cuire les choux dans l'eau pendant une heure et demie. Retirez ensuite la quantité d'eau nécessaire pour votre potage; mettez-y du lait bouillant assaisonné de beurre, de sel et de poivre, et versez le tout sur le potage. Quand le potage est fait, on apprête ordinairement les légumes avec un morceau de beurre, du sel et du poivre pour les servir. — On fait de même un potage maigre *aux navets*. — *Potage à l'ognon et aux poireaux*. Ce potage maigre se fait absolument comme celui dont nous avons parlé, p. 5; au lieu de bouillon gras, on y met de l'eau; ou si l'on veut, on le fait au lait. Alors, on n'y verse que l'eau nécessaire pour fondre le sel. — *Potages maigres à la julienne, à la purée et aux croûtons*. Ces potages se font comme il a été dit, p. 4. Mais l'eau remplace le bouillon, et l'on y met plus de beurre. — *Potages à la beauceronne aux haricots et aux lentilles*. Faites cuire dans l'eau ces légumes, trois heures au moins pour les haricots, et une heure et demie pour les lentilles; ajoutez au bouillon, beurre, sel et poivre. On surajoute un peu de beurre aux haricots et aux lentilles pour les servir. — *Soupe au lait*. Faites dissoudre dans un verre d'eau jeté dans la casserole une pincée de sel et un morceau de sucre. Versez-y ensuite la quantité de lait qu'il vous convient d'employer et faites-le bouillir. Lorsqu'il est en ébullition, jetez-le sur des tranches de pain et laissez tremper pour servir chaud. — *Potage à la citrouille, au potiron.* Pour un demi-litre de lait, vous prenez un quartier de moyenne citrouille ; après l'avoir pelé et nettoyé, vous le coupez par petits morceaux et les faites cuire jusqu'à ce qu'ils soient réduits en marmelade, et qu'il ne reste plus d'eau. Mettez-y un morceau de beurre et un peu de sel. Ensuite, faites bouillir le lait avec du sucre. Versez votre lait sur la citrouille ; puis, versez le potage sur du pain de soupe, et laissez tremper environ un quart d'heure sur de la cendre chaude. — *Riz au lait.* Le riz au lait se prépare comme le riz au gras, avec du lait au lieu de bouillon ; on ajoute du beurre, un peu de sel et l'on sucre. Le *vermicelle*, la *semoule*, les *pâtes d'Italie*, le *tapioca*, le *sagou*, le *salep*, se traitent avec du lait de même qu'il a été dit p. 4 ; à défaut de lait, on prépare ces substances à l'eau, on met plus de beurre et on lie le potage avec un jaune d'œuf délayé dans un peu d'eau, qu'on y jette en tournant. — *Potage panade.* Mettez sur le feu dans une casserole de l'eau et une pincée de sel. Quand l'eau bout, jetez-y du pain taillé. Ayez soin de ne pas remuer le tout. Après une heure d'ébullition, ajoutez un morceau de beurre frais. Remuez alors votre potage qui se trouve réduit en bouillie, et servez. — *Potage à l'oseille et aux herbes.* Faites cuire dans du beurre, sans roussir, de l'oseille seule ou avec du cerfeuil et du pourpier. Ajoutez de l'eau que vous faites bouillir trois ou quatre minutes ; puis jetez ce bouillon sur des soupes de pain. Vous liez ensuite le potage avec du jaune d'œuf et de préférence avec de la crême. Dans ce potage qui prend le nom de *soupe aux herbes* quand on accompagne l'oseille de poirée, de laitue, bonne dame, cerfeuil, pourpier et ciboule, on remplace avec avantage l'eau par du bouillon de haricot, de lentilles ou de pois.

Des Sauces. — Les sauces sont, en général, des préparations liquides faites séparément des viandes, des poissons ou des légumes, et que l'on ajoute à ces substances pour les servir sur la table. Les éléments principaux des sauces sont le *bouillon gras*, les *roux*, les *liaisons*. — *Des roux*. Faites fondre du beurre, et joignez-y environ une cuillerée de farine et, avec une cuiller de bois, remuez jusqu'à ce que la farine prenne un peu de couleur. Versez sur ce *roux*, peu à peu, environ un demi-verre de bouillon ou d'eau pour une préparation en maigre, en prenant soin de remuer le tout pour que la farine ne forme pas de grumeaux. On fait plus ou moins roussir selon la couleur qu'on veut obtenir. Pour un *roux blanc*, on ne fait pas roussir du tout. — *Des liaisons*. Cassez des œufs frais de manière à ne point crever le jaune que vous séparez de leur blanc en les transvasant d'une coquille dans l'autre. Délayez les jaunes dans quelques cuillerées de la sauce ou du bouillon que vous voulez lier. Remuez le mélange jusqu'à ce qu'il soit complet. Versez doucement dans la sauce à lier sans cesser de remuer. Ne laissez pas bouillir, car la sauce se caillerait. La crème fait d'excellentes liaisons pour les sauces à la maître d'hôtel et dans les potages aux herbes.

SAUCES BLANCHES. — *Sauce blanche proprement dite*. Délayez une cuillerée de farine dans très-peu d'eau; ajoutez environ deux verres d'eau, du sel et du poivre à cette bouillie. Vous la faites cuire en remuant constamment jusqu'à ce que la sauce entre en ébullition. Alors, vous la laissez cuire sans tourner ; au bout de dix minutes vous la retirez du feu et vous ajoutez du beurre frais. On peut aussi joindre un filet de vinaigre. La sauce blanche est d'autant meilleure qu'on y prodigue le beurre et qu'on épargne la farine. Pour le poisson, on supprime le vinaigre et l'on ajoute des câpres ou des cornichons coupés. — *Sauce à la maître-d'hôtel*. Mettez sur le feu, avec un peu de beurre frais, sel, poivre, des fines herbes hachées, et faites fondre le beurre à petit feu en remuant. — *Sauce à la crème*. Passez sur le feu, avec un peu de beurre, persil, ciboules, échalottes hachées, une gousse d'ail entière; mettez-y une cuillerée de farine. Mouillez le tout avec de la crème, sinon avec du lait ; faites bouillir environ un quart d'heure en tournant toujours. Au moment de servir, mettez un peu de beurre frais avec une pincée de persil haché très-fin, sel, poivre ; faites lier la sauce sur le feu. On peut employer cette sauce pour toutes sortes d'entrée au blanc. — *Sauce blanquette*. Faites fondre dans une casserole du beurre de la grosseur d'un œuf et jetez-y une bonne pincée de farine, que vous tournez et ne laissez pas roussir. Puis versez peu à peu, en remuant toujours, deux verres d'eau bouillante. Mettez-y sel, poivre, persil, ciboules hachées, des champignons, des petits ognons. Vous placez dans cette sauce les morceaux de veau ou de volaille déjà cuits, et vous faites mitonner le tout pendant trois quarts d'heure au moins, et pour du veau ou une volaille non cuits, deux heures et demie. — *Sauce à la poulette.* Cette sauce se fait comme la sauce blanquette ; on lie la sauce avec un jaune d'œuf.

SAUCES PIQUANTES. — 1° *Sauce à la remoulade, sauce piquante froide.* Mettez dans un bol à sauce des échalottes, persil, ciboules, une pointe d'ail, fournitures de salade, le tout haché très-fin, sel, poivre ; délayez, avec de la moutarde, de l'huile et du vinaigre que vous versez en tournant. Cette sauce convient aux viandes froides rôties ou bouillies, au poisson. — 2° *Sauce à la ravigotte.* Mettez au feu deux bons verres de bouillon. Quand il entre en ébullition, jetez-y cinq ou six échalottes hachées avec estragon, persil, sel, poivre, une petite cuillerée de vinaigre. Laissez bouillir le tout jusqu'à ce que les échalottes soient cuites. Au moment de servir, mettez un morceau de beurre dans la sauce. — 3° *Sauce Robert.* Faites un roux de belle couleur. Jetez-y trois gros ognons hachés avec du beurre suffisamment pour les faire cuire. Mouillez ensuite avec du bouillon et laissez bouillir une demi-heure. Enfin, avant de servir, ajoutez sel, poivre, filet de vinaigre et moutarde. Cette sauce s'emploie principalement pour le porc frais et le dindon. — 4° *Sauce au beurre noir.* Faites chauffer dans une poêle du beurre jusqu'au point où il devient noir, puis jetez-y des branches de persil que vous y laissez frire. Retirez du feu et versez dans la poêle, avec précaution, du vinaigre et faites bouillir un instant ; versez la sauce sur le poisson auquel elle convient particulièrement. — 5° *Sauce à la tartare.* Hachez très-menu trois échalottes, cerfeuil, estragon, et mettez-les dans un vase avec de la moutarde, sel, poivre et un filet de vinaigre. Tournez le tout et ajoutez de l'huile, en tournant, jusqu'à ce que la sauce soit liée. Cette sauce ne passe point par le feu.

SAUCES DIVERSES. — *Sauce à la provençale.* Mettez dans

une casserole deux cuillerées d'huile fine, échalotte et champignons hachés, deux gousses d'ail entières; passez le tout sur le feu, mettez-y une pincée de farine et mouillez ensuite avec du bouillon et environ un verre de vin blanc, sel, poivre, un bouquet de persil, ciboules; faites bouillir pendant une demi-heure. Dégraissez ensuite la sauce et ne laissez d'huile que ce qu'il faut pour qu'elle soit perlée et légère; ôtez le bouquet et les deux gousses d'ail, et servez avec ce que vous jugerez à propos. — *Sauce à la Sainte- Ménéhould.* On met dans une casserole du bon bouillon avec un morceau de beurre manié d'un peu de farine, sel, poivre, trois jaunes d'œufs, trois ou quatre échalottes hachées; on fait lier sur le feu. Cette sauce sert pour tout ce que l'on met à la Sainte-Ménéhould. — *Sauce à l'italienne en gras et en maigre.* Mettez dans une casserole environ deux cuillerées d'huile, des champignons hachés avec un bouquet garni, ciboules, laurier, une gousse d'ail et deux clous de girofle. Passez le tout sur le feu jusqu'à ce qu'il soit coloré, et y ajoutez pincée de farine; mouillez avec du vin blanc et autant de bon bouillon; ajoutez sel, poivre; faites bouillir une demi-heure, dégraissez s'il est besoin, ôtez le bouquet et servez. En maigre, on remplace le bouillon gras par du bouillon maigre; l'on met un peu plus de farine et deux cuillerées de jus d'ognons cuits. — *Sauce aux tomates.* Faites cuire et réduire en purée, avec poivre, sel, demi-gousse d'ail, demi-feuille de laurier, persil, ognons, les tomates nettoyées de leurs pepins. Passez cette purée et la faites cuire pendant une heure avec beurre, bouillon et bouquet garni. Au moment de servir, enlevez le bouquet. — *Sauce mayonnaise.* Prenez un ou deux jaunes d'œufs que vous tournerez à froid dans une terrine avec sel, poivre et un peu de vinaigre; mêlez bien le tout. Ajoutez, toujours en tournant, et goutte à goutte, environ une cuillerée d'huile. Il faut tourner environ un quart d'heure jusqu'à ce que la sauce, liée, forme une espèce de crème. Elle se sert avec des volailles froides et du poisson. — *Sauce à la béchamelle.* Mettez au feu dans une casserole un demi-verre de crême ou un bon verre de lait. Quand cela bout, mettez-y un moyen morceau de beurre manié d'une pincée de farine, avec du sel, poivre, deux échalottes, demi-gousse d'ail, persil, ognon tranché. Faites bouillir une demi-heure. Passez la sauce au tamis et mettez-y ce que vous voulez réchauffer, sans faire bouillir. Au besoin, lier avec un jaune d'œuf ; en servant, ajoutez un filet de vinaigre. — *Salmis pour gibier*. Prenez les débris de gibier rôtis après en avoir levé les chairs. Pilez avec soin, dans un mortier, ces débris, en y versant peu à peu un verre de bouillon. Vous passez le tout au tamis, et le mettez sur le feu pour bouillir une bonne demi-heure, avec un peu de beurre manié de farine, demi-verre de vin rouge, sel, poivre, des échalottes et un bouquet garni. Vous ajoutez alors une ou deux cuillerées d'huile d'Aix et le jus d'un demi-citron ou quelques gouttes de vinaigre. Vous faites réchauffer dans le salmis, et sans bouillir, les chairs du gibier que vous servez sur un plat orné de tranches de pain frites.

DES PURÉES. — Les purées sont formées de la partie sub-tantielle des légumes ; elles se servent en remplacement de sauces pour certaines viandes, ou seules comme entremets. — *Purée de pois verts*. Mettez dans l'eau, faites cuire avec sel, poivre et ciboule un litre de pois verts. Vous les pres-surez et vous passez la purée ; vous l'assaisonnez et la met-tez dans une casserole où vous avez fait roussir du beurre ; mouillez, au gras, avec du bouillon, sinon avec de l'eau ; chauffez et servez. — La purée de pois secs, de fèves, de haricots, de lentilles, se prépare de même. — *Purée d'o-gnons*. Faites cuire pendant trois quarts d'heure plusieurs ognons coupés par tranches. Pressurez-les et les passez. Puis assaisonnez de bon beurre, poivre et sel, et servez sur des côtelettes de porc et de mouton, ou sur de petites saucisses. Cette purée convient aussi aux harengs. — *Purée de pommes de terre*. Faites cuire à l'étuvée, p. 44, de gros-ses pommes de terre. Après les avoir pelées, écrasez-les et passez-les dans une passoire. Mettez la purée dans une casserole avec de bon beurre, poivre et sel. Remuez en mouillant avec du lait (au maigre) ou avec du bouillon, jusqu'à ce que la purée soit ni trop épaisse ni trop claire. Laissez bouillir quelques instants, toujours en remuant, et servez.

DES RAGOÛTS. Les ragoûts sont des préparations avec sauces, le plus souvent de légumes servis seuls, ou de sauces avec légumes pour l'assaisonnement de viandes. — *Ragoût d'ognons*. Faites cuire des ognons dans l'eau pendant un quart d'heure. Retirez-les après dans l'eau fraîche et faites-les cuire dans du bouillon. Quand ils sont cuits, mettez-y deux cuillerées de jus de viande, si vous en avez, pour lier la sauce, ou un peu de farine ; ajoutez sel et poivre, et servez à propos. — *Ragoût de champignons*. Mettez de bons champignons dans une casserole avec un morceau de beurre, un bouquet de persil, ciboules ; passez-les sur le feu ; mettez-y une bonne pincée de farine, et mouillez avec un verre de bouillon, un demi-verre de vin blanc. Faites cuire une heure entière ; dégraissez, assaisonnez de sel, poivre. Les *morilles* se traitent de même. — *Ragoût de marrons*. Faites griller et pelez un demi-cent de marrons ; ensuite vous les mettez dans une casserole avec un demi-verre de vin blanc, deux cuillerées de bouillon, du sel ; faites cuire et réduire à courte sauce. Il y a différents autres ragoûts qui se trouvent décrits à l'article des viandes ou des légumes.

FARCES ET HACHIS. On appelle farce un hachis mêlé de fines herbes et d'ognons, dont on bourre une volaille rôtie ou en daube. La chair à saucisse, si facile à se procurer, est une excellente farce. Nous parlerons seulement des hachis. — *Hachis de toutes sortes de viandes* (entrée). Hachez très-fin telles viandes que vous voudrez, cuites à la broche. Mettez dans une casserole un morceau de beurre, persil, ciboules, deux échalottes hachées très-fin. Passez-les sur le feu ; t mettez-y une pincée de farine. Mouillez avec un demi-verre de bouillon, sel, poivre. Faites bouillir cinquante minutes. Joignez deux pincées de chapelure et servez sur un plat que vous garnissez de croûtons de pain frits.

DE LA FRITURE. — Une friture est d'autant meilleure qu'elle est composée d'un tiers de beurre, d'un tiers de saindoux et d'un tiers d'huile. Pris à part, l'un ou l'autre de ces corps gras peut servir à frire. — Il faut que la friture soit très-chaude si l'on veut que la chose que l'on y met devienne croquante et de belle couleur. — *Pâte à frire*. Tout ce qui se met en friture, les pommes de terre exceptées, doit être auparavant trempé dans une pâte moyennement claire, délayée avec de l'eau, du lait et un peu d'eau-de-vie, un ou deux œufs frais, comme pour faire des crêpes.

Dés Viandes de boucherie.

La boucherie fournit le *bœuf*, le *veau*, le *mouton* et le *cochon*.

Du Bœuf. — La chair de bœuf de bonne qualité est d'un rouge cramoisi, et la graisse jaunâtre. La viande de vache est d'un rouge moins foncé, et la graisse en est toute blanche ; la chair d'une bonne vache est délicate. Les morceaux recherchés du bœuf, pour le pot au feu, sont la culotte, la tranche, le gîte à la noix. — *Bœuf bouilli.* Le bœuf bouilli se sert comme relevé de potages, p. 2. On peut le parer d'un cordon de pommes de terre frites, de tranches de cornichon ou de persil. — *Bœuf bouilli en miroton* (entrée). Coupez par rouelles plusieurs ognons, et faites-les roussir avec un morceau de beurre ou de petits morceaux de lard. Jetez dans le roux le bœuf coupé par tranches, ajoutez une pincée de farine et remuez le tout ; mettez sel, poivre, persil, quelques cuillerées de bouillon ou d'eau. Laissez bouillir environ une demi-heure et servez. — Le bœuf bouilli peut être servi aussi comme entrée à toutes sauces *piquantes*, aux *tomates, en blanquette.* — *Bœuf bouilli en ragoût* (entrée). Faites un roux ; versez sur ce roux peu à peu un demi-verre de bouillon en remuant toujours. Quand ce mélange bout, mettez-y des pommes de terre, des ognons, un bouquet de persil et un quart de feuille de laurier, du poivre et du sel. Après une demi-heure d'ébullition, jetez le bœuf dedans et servez quand il est réchauffé. — *Bœuf bouilli au gratin* (entrée). Coupez le bœuf par tranches minces ; foncez de beurre une casserole plate dans laquelle vous mettez un lit de chapelure avec fines herbes hachées, sel et poivre. Vous disposez par-dessus une couche de tranches de bœuf. Vous remettez une couche de beurre, de chapelure et de fines herbes ; vous remettez un second lit de tranches de bœuf, et ainsi de même jusqu'à l'emploi complet du bœuf à accommoder, en terminant par une couche de beurre. Mouillez le tout de quelques cuillerées de bouillon ; faire cuire avec un petit feu sous la casserole et un feu vif sur le couvercle. Servez dans le vaisseau. — *Bœuf bouilli en grillades* (entrée). Ayant coupé le bœuf en

minces tranches, vous faites cuire quelques petites saucisses dans une poêle avec un peu de beurre. Lorsque le
beurre pétille, mettez les tranches de bœuf frire avec les
saucisses. Servez le tout avec la graisse et le jus. —
Bœuf à la mode (entrée). Lardez un morceau de tranche avec du gros lard, et placez-le dans un vaisseau de
terre que le morceau puisse à peu près remplir. Ajoutez cinq
ou six ognons, persil, un quart de feuille de laurier, quart
de gousse d'ail hachée, deux clous de girofle, sel et poivre,
de deux à quatre verres de bouillon. Faites cuire bien couvert cinq ou six heures. A la moitié de la cuisson, vous mettez une cuillerée d'eau-de-vie. Servez chaud ou froid.

Beefteks et entre-côtes (entrée). Coupez sur son plein du
filet de bœuf en tranches de deux centimètres d'épaisseur
et aplatissez-les; coupez-en le tour sans enlever la graisse.
Faites mariner un jour dans l'huile avec sel et poivre. Faites
cuire sur le gril à un feu vif et ne les retournez qu'une fois.
Servez saignant avec beurre manié de persil; un filet de jus
de citron ou de vinaigre. On sert aussi les beefteks garnis de
pommes de terre frites, ou de cresson avec un filet de vinaigre et sel, enfin sur une sauce piquante. Les entre-côtes
ne se font point mariner. A cela près, on les prépare comme
les beefteks et, comme ils sont plus gras, on les sert généralement avec une sauce piquante.

Rosbif ou bœuf rôti (Rôt et relevé). Piquez de gros lard
de la culotte de bœuf. Assaisonnée de sel, poivre, girofles,
fines herbes, ciboules, laurier, mettez-la dans une terrine
juste à sa grandeur, avec un bon verre de vin blanc. Couvrez
avec un couvercle et bouchez les bords avec de la pâte. Faites
cuire au four pendant cinq ou six heures; servez avec sa
sauce. *Un aloyau* se fait cuire de la même manière. —
Aloyau et filet de bœuf (Rôti et relevé). Le plus ordinairement, on met l'aloyau cuire à la broche et on le sert dans
son jus, ou mieux, on lève le filet, qui en est la partie tendre.
On le coupe en tranches minces dans une casserole, avec
câpres ou cornichons, anchois, champignons, pointe d'ail,
le tout haché et passé avec un peu de beurre, mouillé de
bon bouillon. Quand vous avez dégraissé et assaisonné la
sauce de sel et de poivre, mettez-y le filet avec le jus de
l'aloyau. Faites chauffer et servez sur l'aloyau. — *Filet de*

bœuf à la broche (Rôti et relevé). Après l'avoir lardée de gros lard, faites mariner la pièce une demi-journée au moins avec huile, poivre, sel, persil, laurier, un ognon tranché; couvrez de papier beurré la partie lardée et soumettez à un feu vif qui saisisse le filet qu'on débroche un peu saignant. Avant de servir, vous retirez le papier. Ajoutez une sauce faite du jus du filet, avec échalottes, sel, poivre, filet de vinaigre, ou bien avec la sauce ci-dessus. — *Filet rôti de la veille* (entrée). On coupe le filet par tranches et, ayant préparé une sauce piquante chaude quelconque ou une sauce aux tomates, on y met réchauffer ces tranches.

Terrine de bœuf à la paysanne. Coupez en tranches fines de la tranche de bœuf ainsi que du lard de poitrine. Dans une terrine, faites plusieurs couches ainsi disposées : une couche de bœuf, une de lard avec quelques ognons, rouelles de carottes, persil, laurier, un clou de girofle, un tout petit peu d'ail haché, et à la fin mettez un jarret de veau, une cuillerée d'eau-de-vie et un bon verre de bouillon. Faites cuire cinq à six heures, sur la cendre chaude et mieux encore dans un four.

Rognons de bœuf à la bonne ménagère (entrée). Coupez les rognons par tranches minces et enlevez avec soin la chaîne graveleuse du milieu. Tranchez ensuite par dez environ un hectogr. de gros lard, et le faites roussir avec un peu de beurre. Quand les lardons ont jeté leur graisse, vous les retirez avec une écumoire et les mettez sur un plat en réserve. Vous jetez les tranches de rognons dans la graisse restée au fond de la casserole. Vous les y tournez pendant dix minutes. Les tranches, pendant cette dernière opération, jettent beaucoup de jus, vous réservez ce jus. Vous remettez dans la casserole où sont demeurés les rognons un peu de beurre, puis une cuillerée de farine en tournant, sel, poivre, persil haché ainsi qu'une gousse d'ail, un peu de laurier, puis le jus du rognon et un bon verre de bouillon. Quand le tout commence à bouillir, ajoutez une demi-douzaine de petits ognons; remettez les lardons après que le tout a bouilli une demi-heure, ajoutez un verre de bon vin, et cinq minutes après, au moment de servir, liez avec un peu de beurre frais.

Langue de bœuf de plusieurs manières (entrée). Otez-en

le cornet et la faites blanchir un demi-quart d'heure à l'eau bouillante; mettez-la ensuite cuire dans une marmite avec le bœuf pendant environ cinq heures; vous la retirez alors et vous lui enlevez toute la peau tandis qu'elle est chaude; vous la fendez dans toute sa longueur sans la séparer totalement et la servez toute chaude sur un long plat en y versant une sauce piquante. Toutes les sauces relevées d'épices et de vinaigre conviennent à la langue de bœuf. Cuite comme ci-dessus, on peut la couper par tranches et l'accommoder au gratin comme le bœuf bouilli (v. p. 12); faire griller les tranches et les servir à la *tartare*, ou *frites*.

Cervelle de bœuf (entrée). Épluchez la cervelle. Faites-la dégorger dans l'eau tiède pendant vingt minutes. Faites-la cuire pendant une demi-heure, baignée dans un court-bouillon d'eau et d'un quart de verre de vinaigre, bouquet garni, thym, carotte, laurier, pointe d'ail, sel et poivre. Égouttez-la, puis vous la pourrez servir avec toute *sauce piquante*, à la *sauce tomate*, à la *mayonnaise*; vous pouvez aussi la faire frire après l'avoir divisée en plusieurs parties.
— *Tripes en terrine à la beauceronne* (entrée). Grattez et nettoyez les tripes à plusieurs eaux, faites-les blanchir à l'eau bouillante, et mettez-les dégorger un jour et une nuit dans l'eau froide. Foncez de couennes de lard une terrine, mettez-y un lit de tripes chargées d'un lit de carottes, ognons, persil, une pointe d'ail hachée, girofles, sel, poivre, et par-dessus un lit de tranches légères de lard; refaites les mêmes préparations jusqu'à ce que la terrine soit pleine; versez-y un verre de bouillon; couvrez et enduisez de pâte les jointures du couvercle; faites cuire une nuit dans un four d'où l'on vient de retirer le pain. Servir dans la terrine.

Du Veau.

Pour que le veau soit bon, il faut qu'il ait environ deux mois, que la chair en soit blanche et grasse.
De la tête de veau. La tête de veau se sert tout entière quand les veaux sont petits. — *Tête de veau au naturel* (relevé et entrée). Après l'avoir reçue blanchie du boucher, là-

vez-la plusieurs fois à grande eau et avec soin; mettez-la cuire environ quatre heures dans une marmite avec de l'eau et une poignée de sel, ognons, carottes, panais, céleri, laurier. Pour la servir, vous la parez, sur un large plat, de persil seulement, et vous l'accompagnez d'une saucière emplie d'une sauce piquante, froide ou chaude. Le plus souvent, chacun prépare lui-même sa sauce à l'huile et au vinaigre. — *Cervelle de veau* (entrée). Plus délicate, la cervelle de veau se prépare et se sert comme la cervelle de bœuf (v. p. 15) ou à la sauce à la poulette. — *De la langue de veau* (entrée). Étant cuite avec la tête, la langue de veau peut être servie séparément à des sauces différentes et les mêmes que celles qui conviennent à la langue de bœuf (v. p. 14).

De la fraise et des pieds de veau (entrée). La manière la plus ordinaire de les accommoder, c'est au naturel. On les fait blanchir après les avoir nettoyés et passés dans plusieurs eaux, puis on les fait cuire de la même manière que la tête et on les sert sur un plat accompagné d'une saucière remplie d'une sauce piquante froide. Cuits de même et découpés, on peut les servir aussi *à la poulette* ou *frits*.

Foie de veau à la bourgeoise (entrée). Piquez un foie de veau de gros lard; faites-le revenir avec du beurre dans une casserole, puis versez deux verres de bouillon en ajoutant sel, poivre, ail, persil, huit ou dix petits ognons entiers, girofle, laurier; faites bouillir environ deux heures; ensuite, émiettez du pain dans un vase où vous versez un verre de bon vin; vous mêlez le tout et le mettez avec le foie que vous laissez cuire encore trois quarts d'heure. Vous servez le foie sur la sauce dans un plat orné des petits ognons. Avant de servir, ajouter à la sauce, pour la faire lier, un morceau de beurre frais. — *Foie de veau à la broche* (entrée). Piquez le foie de petit lard et mettez-le cuire à la broche; bien arroser et servir avec une sauce piquante. — *Foie de veau à l'italienne* (entrée). Faites revenir dans une casserole, avec du beurre, des tranches minces de foie. Retirez-les de la casserole; faites une sauce à l'italienne (p. 9) et mettez-y le foie que vous servez après demi-heure de cuisson.

Mou de veau en matelotte (entrée). Faites-le dégorger

et cuire à demi dans l'eau avec sel, poivre, vinaigre, ognons. Faites revenir du lard et de petits ognons avec une cuillerée de farine pour faire un roux; ajoutez un verre de vin et un verre d'eau, bouquet garni; mettez-y le mou coupé par morceaux et laissez cuire environ une heure, et servez.

Ris de veau (entrée). Vous les faites dégorger une heure à l'eau tiède et raffermir après dans l'eau froide; vous les mettez ensuite dans toute espèce de ragoûts comme garnitures. On en sert piqués de petit lard, cuits à la broche, ou en *fricandeau* (v. ci-dessous) ou sur toute espèce de sauces, particulièrement à la poulette et dans les tourtes.

Veau de diverses manières, veau rôti. Si l'on met à la broche un carré de veau, on roule le bout de la longe jusqu'au rognon et on le ficelle. Si c'est de la rouelle ou tout autre morceau sans graisse, il convient de les larder auparavant. Le veau rôti se sert bien cuit accompagné du jus qu'il a fait en cuisant. — *Poitrine de veau rôtie* (rôt). Pendant que le morceau est au feu, vous l'arrosez avec un jus formé d'un verre de bouillon, une cuillerée de vinaigre, d'échalottes coupées, sel et poivre; vous servez ce jus dans une saucière et le rôti sur un plat séparé. *Ragoût de veau* (entrée). Ayant coupé en morceaux carrés, larges de deux doigts, de la poitrine de veau ou toute autre partie; passez-la au feu avec du beurre et retirez-la. Faites dans la même casserole un roux; en tournant, versez deux verres de bouillon, sinon, d'eau. Puis mettez le veau, plusieurs ognons, quelques champignons, un bouquet garni, sel, poivre et laurier; faites cuire une heure et demie, et servez. — *Veau en fricandeau* (entrée). Piquez de petit lard une tranche de rouelle; mettez-la dans une casserole, avec un bouquet garni, un peu de beurre, sel et poivre; mouillez avec du bouillon; faites cuire environ deux heures. Lorsque le veau est cuit, passez-le avec un peu de beurre et un peu de sucre dans une autre casserole pour lui faire prendre couleur. Servez-vous de votre cuisson pour la préparation d'un plat d'oseille, d'épinards ou de chicorée, ou d'une purée d'ognons. On peut le servir aussi avec une sauce aux tomates ou au naturel avec son jus. — *A la bourgeoise* (entrée). Faites revenir un morceau de veau dans une casserole avec des morceaux de lard de poitrine et

un peu de beurre ; ajoutez demi-verre d'eau, bouquet garni, deux ou trois carottes et ognons, un navet, sel et poivre, laurier. Faites cuire deux ou trois heures. Servez la sauce sous le veau et garnissez le plat avec les carottes et le lard. — *Veau cuit dans son jus* (rôt et entrée). Prenez de préférence un morceau de rouelle, un peu épais ; lardez-le de gros lard ; passez-le au beurre pour lui faire prendre couleur ; mouillez peu à peu avec du bouillon et laissez-le cuire dans son jus pendant deux heures. On peut de la même manière préparer, mais sans larder, et avec plus de beurre, pour servir de rôti, un carré de veau ; dans ce cas, il ne faut pas couvrir la casserole où le veau cuit, parce que la viande s'amollirait. — *Veau au riz* (entrée). Faites cuire un morceau de rouelle comme il est dit ci-dessus ; puis faites crever à petit feu dans du bouillon, avec sel, poivre et laurier, une quantité de riz en proportion de la grosseur du morceau. Quand le veau et le riz sont cuits, mêlez le jus de la viande au riz et servez. — *Veau aux petits pois* (entrée). Faites cuire à la casserole, dans son jus, un morceau de veau. Puis, dans une autre casserole, mettez un morceau de beurre, un verre de bouillon, sel, poivre et bouquet garni. Quand le tout bout, jetez-y les petits pois. Vous couvrez et laissez cuire une heure et demie. Quand ils sont cuits, mêlez-y le jus du veau. Posez le veau dessus dans un plat et servez. — *Veau à la purée de pommes de terre* (entrée). Se prépare comme ci-dessus, en remplaçant le riz et les petits pois par une purée de pommes de terre.

Veau de desserte en blanquette (entrée). Coupez le veau en morceaux émincés. Faites une sauce blanquette (p. 7) et mettez-y réchauffer le veau pour servir le tout ensemble.

On sert aussi le veau de desserte à une sauce piquante.

Côtelettes de veau panées, sur le gril. Aplatissez les côtelettes et répandez dessus du beurre fondu. Couvrez-les de mie de pain mélangée de sel et de poivre ; faites-les cuire une demi-heure sur un gril. Retournez-les autant que besoin est. Servez-les avec une sauce piquante. — *Côtelettes de veau en papillottes* (entrée). Si vous le pouvez, faites mariner les côtelettes pendant une heure dans de l'huile, avec fines herbes hachées, sel et poivre, un peu de fort vinaigre.

Couvrez-les des deux côtés de mie de pain maniée de beurre, persil, ciboules, fines herbes, le tout haché fin. Enveloppez-les d'une feuille de papier huilée ou beurrée, bien pliée et fermée; faites griller pendant environ trois quarts d'heure, et servez avec le papier. — *Côtelettes de veau à l'estragon* (entrée). Passez au beurre vos côtelettes; quand elles commencent à se dorer, mettez une cuillerée de farine : sautez-les dans cette farine jusqu'à ce que la farine ait pris couleur. Versez un verre de bouillon. Quand le tout bout, ajoutez sel, poivre, fines herbes avec estragon, rouelles de cornichons, laurier. Laissez cuire pendant trente-cinq minutes, et mettez un filet de vinaigre; liez la sauce avec un morceau de beurre frais.

Du Mouton.

Le mouton est bon quand il a la chair noire et qu'il est jeune. On doit laisser mortifier le mouton le plus possible.

GIGOT *de mouton*. — *Gigot rôti.* Commencez par le bien battre pour qu'il soit encore plus tendre. Faites-le mariner pendant vingt-quatre heures, dans une marinade de vinaigre et d'eau, avec poivre, carottes, ognons, persil. Lardez des gousses d'ail près du manche et dans les chairs. Embrochez solidement, et ne le présentez qu'à un feu vif pour qu'il soit saisi, et continuez le même feu. Mettez dans la léchefrite du beurre fondu, un peu de vinaigre, sel et bouillon, et le reste de la marinade. Arrosez souvent. La durée de la cuisson dépend de la grosseur de la pièce, de l'activité du feu et du degré qu'on veut obtenir. Temps moyen, une heure et demie. Enveloppez le manche avec du papier blanc. Servez ensuite avec son jus mis dans une saucière. — *Gigot rôti aux haricots blancs* (rôt). Faites cuire dans de l'eau, avec sel, poivre, pointe de laurier, persil, des haricots blancs. Quand ils sont cuits, égouttez-les. Puis, pour servir, vous les assaisonnerez avec le jus du gigot rôti. — *Gigot à l'eau* (entrée). Après en avoir rogné le manche, piquez le gigot de gros lard roulé dans des fines herbes hachées menu, avec une pointe d'ail, sel, poivre, muscade râpée, et un anchois; ficelez-le et mettez-le dans une casserole avec quelques bardes de lard par-dessus; ajoutez des carottes, des ognons, un bouquet garni et du sel; mouillez avec du bouillon mêlé d'eau de manière que le gigot soit couvert; faites bouillir pendant au moins quatre heures; lorsqu'il sera cuit, déficelez-le, posez-le sur un plat avec les légumes autour. Faites réduire la sauce et versez-là sur le gigot. On peut y délayer un peu de marmelade de tomates. —*Gigot braisé* (entrée et relevé). Piquez de lard le gigot; mettez au fond de la casserole des bardes de lard, quelques parures de viandes; posez le gigot par-dessus et ajoutez des carottes, des ognons et un bouquet garni; assaisonnez de sel, poivre et muscade râpée; couvrez le gigot avec des bardes de lard; mouillez d'environ un verre de bouillon; faites cuire pendant six ou sept heures; servez avec la cuisson réduite. — *Emincés de gigot rôti* (entrée). Coupez par tranches fort minces un gigot rôti de desserte. Faites roussir une demi-cuillerée de farine, passez-y vos émincés, mouillez avec du bouillon et une cuillerée de vinaigre; ajoutez quatre ou cinq échalottes, des cornichons si vous n'avez pas mis de vinaigre, demi-gousse d'ail, sel et poivre. Faites bouillir pendant une heure, car le mouton qui ne bout que quelques instants durcit; liez la cuisson avec un peu de beurre frais. Les émincés de gigot rôti se servent avec toutes les sauces piquantes (p. 8).

COTELETTES DE MOUTON — *au naturel* (entrée). Battez les côtelettes; frottez de beurre le fond d'une casserole et les mettez sur un feu vif. Retournez-les et prenez garde qu'elles ne se dessèchent; servez avec le jus, filet de vinaigre et échalottes hachées. — *Grillées* (entrée). Parez les côtelettes. Trempez-les dans du beurre frais ou de l'huile; assaisonnez-les de sel, poivre, persil et ciboules hachés; panez-les; faites-les cuire pendant un quart d'heure à petit feu sur le gril, et arrosez-les avec l'assaisonnement. Servez à sec. — *A la purée d'ognons* (entrée). Passez au beurre les côtelettes; mouillez avec du bouillon; ajoutez un bouquet garni, sel et poivre; faites cuire pendant une demi-heure. Retirez-les pour les mettre sur un plat que vous tenez chaud. Apprêtez une purée d'ognon (p. 10) avec le jus et ajoutez un peu de beurre frais. Versez la purée dans un plat et dressez dessus en couronne les côtelettes sans le bouquet garni. — *A la purée de lentilles* (entrée). Même préparation. Dressez avéc une purée de lentilles (v. p. 10). — *A la purée de pommes de terre* (entrée). Même préparation ; la purée de pommes de terre étant l'eau. — *A la sauce aux tomates* (entrée). Même préparation avec une marmelade de tomates (v. p. 9). — *Carré de mouton à la bourgeoise.* Mettez-le cuire deux heures dans une casserole avec de l'eau, un verre de vin blanc, gousse d'ail, ciboule, persil, deux clous de girofle, sel et poivre. Ajoutez-y un morceau de beurre manié de farine et de persil haché pour lier la sauce sur le feu ; un filet de vinaigre au moment de servir.

Épaule de mouton (rôt ou entrée). Elle peut être cuite, préparée et servie des différentes manières indiquées pour le gigot : *rôtie*, piquée avec des branches de persil ; *à l'eau, braisée*, en *émincés* (p. 19 et 20).—*Épaule de mouton farcie* (entrée). Faites-la désosser par le boucher ; fendez-la dans sa largeur sans la séparer. Introduisez, entre les deux sections, de la chair à saucisse avec fines herbes, sel, poivre ; vous la ficelez. Passez-la au beurre. Mouillez avec du bouillon, de façon à couvrir l'épaule. Mettez des ognons, des carottes, sel, poivre, clou de girofle, pointe d'ail haché. Couvrez le tout hermétiquement et laissez cuire pendant quatre heures. Pour servir, ajoutez un peu de beurre frais pour lier.

Haricot de mouton (entrée). Coupez en morceaux de l'épaule ou de la poitrine de mouton. Vous les faites revenir et les retirez de la casserole. Vous faites un roux que vous mouillez de bouillon ; ajoutez sel, poivre, persil, laurier, thym. Vous remettez ensuite la viande dans la casserole avec des navets passés au beurre chaud et un peu de sucre en poudre. Le tout doit cuire environ cinq quarts d'heure.

Poitrine de mouton grillée (entrée). On la fait cuire dans le pot-au-feu ou dans le potage aux choux. Puis, on la couvre de mie de pain, en ajoutant sel, poivre, et on la met sur le gril. On la sert au naturel ou avec une sauce piquante, avec une purée d'ognons, une purée d'oseille, une sauce tomate ou une sauce à la tartare, ou avec diverses purées (v. p. 8 et 10).

LANGUES ET ROGNONS DE MOUTON (entrée). Faites dégorger et blanchir les langues une ou deux heures à l'eau froide. Puis les ayant fait cuire assez pour enlever la peau qui les recouvre, nettoyez-les, et fendez-les en deux. Ainsi préparées, elles sont servies de diverses manières. — *Grillées* (entrée). Saucez-les dans l'huile avec persil, champignons, ciboule, pointe d'ail, le tout haché très-fin, sel et poivre. Panez-les et faites-les griller ; servez avec une sauce piquante. — *A la cuisinière* (entrée). Après les avoir fait griller, mettez dans une casserole gros comme un petit œuf de bon beurre, deux jaunes d'œuf crus, un peu de bouillon, demi-cuillerée de vinaigre, sel, poivre, girofle. Tournez le tout sur le feu jusqu'à ce que la sauce soit liée. Servez sous les langues. — *En papillottes* (entrée). Cuites comme ci-dessus, les langues coupées en deux sur la longueur, peuvent être mises en papillottes de la même manière que les côtelettes de veau et être servies de même (p. 18). *Rognons de mouton à la brochette* (entrée). Ouvrez-les par le milieu sans les séparer, et passez en travers une petite brochette. Assaisonnez-les de sel et poivre, et les faites cuire sur le gril pour les servir sur une sauce à l'échalotte, ou une maître-d'hôtel, ou tout simplement avec un morceau de beurre et fines herbes sur un plat chauffé.

PIEDS DE MOUTON. — *A la poulette* (entrée). Après les avoir fait *bien* cuire dans l'eau pendant six heures, épluchez-les ; ôtez le gros os. Faites une sauce à la poulette (v. p. 8) où vous les mettez réchauffer et vous ajoutez, au moment de servir, un filet de vinaigre. — *A la sauce Robert* (entrée). Comme ci-dessus avec une sauce Robert (p. 8). — *A la ravigotte* (entrée). Comme ci-dessus avec une sauce à la ravigotte (p. 8). — *A la Sainte-Ménéhould* (entrée). Comme ci-dessus avec une sauce à la Sainte-Ménéhould (p. 9). — *Frits* (entrée). Cuits comme ci-dessus, faites-les tremper pendant une heure dans une marinade composée d'un peu de bouillon, vinaigre, sel, poivre, ail, laurier et clous de girofle ; faites frire de belle couleur (p. 11). Servez avec du persil frit.

AGNEAU ET CHEVREAU. — La plupart des indications relatives au mouton s'appliquent à l'agneau et au chevreau qu'on doit plutôt rôtir.

Du Cochon.

La chair de cochon de la meilleure qualité est celle qui est ferme et rougeâtre. La viande malsaine d'un cochon ladre est parsemée de taches blanches. Nous traiterons des principaux apprêts du cochon.

BOUDIN, SAUCISSES ET ANDOUILLES. — *Boudin noir* (entrée). Hachez deux litres d'ognon pour trois litres de sang. Faites cuire l'ognon avec un peu d'eau et de la panne. Vous prenez ensuite un kilogramme et demi de panne que vous coupez en dés, et vous la mettez dans le vase qui contient l'ognon avec le sang et deux verres de crême. Assaisonnez de sel fin, épices; maniez le tout ensemble et l'entonnez dans les boyaux que vous aurez coupés d'une longueur convenable et liés d'avance par un bout. Ne les emplissez pas trop et piquez-les avec une épingle, de crainte qu'ils ne crèvent en cuisant. Ficelez le second bout et faites-les cuire un quart d'heure dans l'eau bouillante. On reconnaît que le boudin noir est cuit lorsque, en le perçant avec une épingle, il n'en sort pas du sang, mais de la graisse. Vous le mettez ensuite refroidir pour le faire griller quand on veut le servir. — *Saucisses plates* (entrée). Hachez de la chair de cochon dépouillée des nerfs et membranes avec autant de lard; ajoutez du persil, de la ciboule, un peu de thym, du sel et du poivre. Mêlez le tout ensemble, roulez, aplatissez dans de la crépine ou *coiffe*. On les fait cuire sur le gril ou dans une poêle. Ainsi cuites, on les sert de diverses manières : *sur un plat de choucroute, sur une purée de lentilles, de pois, de haricots ou de pommes de terre; enfin, sur une sauce aux tomates.* — *Saucisses rondes.* Les saucisses rondes se préparent de la même manière, excepté qu'au lieu d'envelopper la chair hachée avec de la crépine, on l'enferme dans des intestins de mouton bien nettoyés. On les cuit et on les sert comme les précédentes.—*Andouilles* (déjeuners). Après avoir nettoyé et lavé les boyaux les plus charnus du cochon, on les fait dégorger dans l'eau pendant douze heures en été, et vingt-quatre heures en hiver; on les fait égoutter, on les essuie et on les coupe en filets. On y ajoute de la chair de cochon coupée de même et de la

panne coupée en dés ; on mélange bien le tout en assaison-
nant de sel, poivre, herbes aromatiques pilées, épices. Et,
après l'avoir laissé pendant quelque temps dans une terrine, pour l'imprégner de l'assaisonnement, on introduit
le mélange dans des boyaux qu'on lie sans les remplir entière-
ment. On place les andouilles dans le saloir pendant plusieurs
jours, de là dans une cheminée pour les enfumer. Quand
on veut les servir, on les fait cuire d'abord quatre heures
dans une petite marmite avec de l'eau, carottes, ognons,
girofle, bouquet garni, pas de sel. On les laisse refroidir,
puis on les fait griller.

FROMAGE DE COCHON (déjeuners). Désossez à forfait une
tête de cochon ; levez-en toute la chair et le lard sans couper
la couenne. Coupez ensuite la chair et le lard en filets très-
minces, et mettez le maigre sur un plat et le gras sur un autre. Coupez les oreilles et la langue de la même manière ;
assaisonnez le tout de sel, poivre, thym, laurier, sauge pi-
lée, persil, échalottes hachées, zeste de citron. Mettez la
peau de la tête dans une casserole ronde ; arrangez sur cette
peau vos filets, en entremêlant le gras et le maigre. Lorsque
vous avez tout employé, retroussez la peau et cousez-la.
Vous aurez alors une espèce de boule plate que vous mettrez dans une marmite juste à sa grandeur, avec des carottes,
thym, laurier, gousse d'ail, sel et poivre, du vin blanc et de
l'eau. Faites cuire pendant six ou sept heures. Lorsque le
fromage est cuit, vous l'égouttez et vous le mettez dans un
vaisseau en terre, juste à sa grandeur et bien rond. Couvrez-le avec un plateau de bois que vous chargerez avec un
corps pesant pour lui faire prendre la forme du moule.

DES JAMBONS (déjeuner). La cuisse et l'épaule de cochon
se mettent en jambons. Il faut savoir les saler, les fumer et
les cuire à point. — Faites une saumure composée de sel
et d'un peu de salpêtre, de thym, laurier, sauge, romarin,
hysope, sarriette, marjolaine, genièvre, le tout mouillé avec
moitié d'eau et moitié de gros vin. Laissez les herbes odoriférantes infuser de deux à quatre jours dans la saumure ;
après ce temps, vous la passez, et vous y mettez tremper
les jambons pendant quinze jours. Ensuite, vous mettrez
les jambons fumer à la cheminée, où l'on fera bien de brûler des plantes aromatiques. Ainsi préparés, ils se peu-

vent conserver assez longtemps, surtout si l'on a soin de les frotter avec du gros vin et du vinaigre pour écarter les mouches. Pour les faire cuire, vous les faites dessaler dans l'eau au moins pendant deux jours, après toutefois les avoir enfouis, bien enveloppés d'un linge, dans la terre pendant quarante-huit heures, afin de les attendrir. Ces derniers préparatifs faits, vous les enveloppez d'un torchon blanc et les mettez dans une marmite avec une bonne bouteille de vin et un litre et demi d'eau, ognons, carottes, herbes odoriférantes de toutes sortes, ail, clous de girofle, laurier, bouquet garni. Faites-les cuire baignés dans ce jus pendant six heures, et laissez-les refroidir dans la cuisson, et puis vous les en retirez. Otez le gros os. Enlevez doucement la couenne et garnissez la graisse avec du persil haché, un peu de poivre, de la chapelure, en y passant une pelle rouge pour que la chapelure pénètre dans la graisse et prenne couleur. Servez froid.

LANGUE, MOU, FOIE, ROGNONS ET PIEDS DE COCHON. — *Langue de cochon.* La langue de cochon s'emploie dans le fromage de tête; autrement elle se fait cuire au pot-au-feu ou au court bouillon; puis on la rôtit sur le gril et on la sert avec une sauce piquante. — Assez souvent, on la sale, on la fume et on la cuit dans un desintestins, de la même manière que le jambon; ainsi préparée, c'est une langue fourrée. — *Mou de cochon* (entrée). Il se prépare comme le mou de veau (v. p. 16). — *Foie de cochon* (entrée). Il se prépare comme le foie de veau (v. p. 16). — *Rognons de cochon* (entrée). Comme les rognons de bœuf (v. p. 14). — *Pieds de cochon* (entrée). Faites-les cuire dans le pot-au-feu, ou bien séparément dans de l'eau, avec quelques racines; quand ils sont bien cuits, panez-les et les faites griller sur un feu vif et servez-les *au naturel* ou sur une sauce à la Sainte-Ménéhould (v. p. 9).

DE LA POITRINE, DE L'ÉCHINÉE ET DU CARRÉ DE CO-CHON. La poitrine se met en petit salé. Le carré et l'échinée se mettent en côtelettes ou à la broche, avec une sauce *ra-vigotte, piquante, purée quelconque, Robert,* etc. — *Comment se fait le petit salé.* Toute chair de porc est bonne pour faire du petit salé; on prend d'ordinaire la poitrine. Coupez-la par morceaux et pilez du sel, un kilogr. pour quinze kilogr. de porc. Frottez-en la viande en tous sens et mettez-la à mesure dans un saloir de terre cuite, garni, au fond, d'une couche de sel; vous empilez les morceaux en les pressant les uns contre les autres, et de manière qu'il n'y ait pas dans le vaisseau d'espace vide. Vous saupoudrez de sel chaque couche, et vous en mettez plus sur la dernière. Couvrez le saloir avec un linge plié en quatre. Mettez sur le linge un plateau de bois et sur celui-ci une grosse pierre. Au bout de cinq ou six jours on peut retirer le petit salé et s'en servir. On sale davantage quand on veut le garder plus longtemps. — *Comment se sert le petit salé* (entrée). Le petit salé se mange *aux choux*, cuit à part ou dans le pot-au-feu; il se sert aussi sur un plat de choucroute p. 46) ou avec de la purée de pois, de lentille, de navets, de pommes de terre, ou avec un ragoût de légumes. — *Comment se fait le lard*. Levez le lard de manière à y laisser le moins de chair possible. Frottez-le partout avec du sel fin et bien sec, un kilogr. de sel pour dix kilogr. de lard. Cela fait, vous mettez les bandes l'une sur l'autre, chair contre chair; vous les couvrez de planches que vous chargez de pierres, afin que le lard, en s'aplatissant, soit plus ferme. Laissez-le au moins vingt jours dans cet état, et ne le retirez que pour le suspendre dans un lieu sec et aéré. — *Comment se fait le saindoux*. Le saindoux peut remplacer le beurre avec avantage. Après avoir épluché de la panne, en ôtant les tissus membraneux qui la recouvrent, coupez-la par petits morceaux. Faites-la fondre dans un chaudron avec très-peu d'eau et un ognon piqué de clous de girofle, à très-petit feu, jusqu'à ce que les grignons qui ne se fondent point *commencent* à se colorer. Alors, il faut retirer du feu le saindoux, le laisser refroidir à moitié, puis le passer dans un ou plusieurs vases de terre pour le mettre au frais.

CÔTELETTES DE COCHON — *en grillades* (entrée). Taillez et parez vos côtelettes comme celles de veau. Faites-les griller à un feu doux. Servez avec une sauce Robert (p. 8), ou une sauce à l'estragon et aux cornichons, comme les côtelettes de veau (p. 19). — *A la poêle* (entrée). Faites-les cuire avec un peu de beurre dans leur jus, en les tournant dans une poêle. Saupoudrez-les pendant la cuisson, de mie de pain assaisonnée de fines herbes. Mouillez le tout avec un

peu de bouillon, passez-y des échalottes, sel, poivre, cornichons hachés ou de la moutarde ; laissez bouillir pour ache-
ver de cuire. Au moment de servir, dégraissez et liez la
sauce avec un morceau de beurre manié d'un peu de farine. Les côtelettes se servent sur cette sauce. — *En ragoût
de pommes de terre* (entrée). Cette préparation se fait en
tout point comme la précédente, avec les différences qui
suivent : au lieu d'échalottes, mettez des ognons, des pommes de terre coupées en morceaux. Supprimez les cornichons et la moutarde. Quand les pommes de terre sont
cuites, servez les côtelettes sur le ragoût. — *Echinée de cochon rôtie.* Taillez-la carrément, ciselez le lard dont elle est
couverte ; tenez-la à la broche pendant deux heures. Servez
à sec ou avec une sauce Robert.

De la Volaille.

La volaille comprend les oiseaux des basses-cours, qui
sont le poulet, le dindon, l'oie, le canard et le pigeon.

Du Poulet. — Le meilleur poulet est celui qui a la chair
blanche et la peau fine. Toute volaille doit être plumée à
sec, aussitôt qu'elle est tuée. Dès qu'elle est plumée, on la
flambe en la passant légèrement sur le feu vif d'un papier
allumé ou d'une braise ardente de fourneau. Il faut brûler
les pattes pour enlever les écailles, on la vide ensuite ; on
enlève le jabot par une incision faite derrière le cou ; on y
introduit le doigt et on détache la poche sans déchirer la
volaille. On vide l'intérieur du corps par une autre incision
pratiquée sous la cuisse. On sépare l'amer ou fiel du foie,
et s'il arrivait de la crever, il faudrait aussitôt laver l'intérieur du corps avec de l'eau chaude. On ouvre le gésier
pour en ôter ce qui est dedans. Le dessous du bec et le
petit bout des ailes sont coupés. Les pattes, le bout des
ailes, le cou et la tête avec le gésier et le foie des volailles
se nomment abattis.

Fricassée de poulet (entrée). Coupez le poulet par membres
et le mettez dégorger dans l'eau tiède avec le foie, le gésier,
les pattes, le cou et la tête fendue en deux. Faites-les égoutter

dans une passoire. Passez-les à un feu vif avec un morceau de bon beurre, des champignons, bouquet garni, feuille de laurier, thym, deux clous de girofle. Quand la sauce est réduite, mettez dans la casserole une bonne pincée de farine, et mouillez avec de l'eau chaude; assaisonnez de sel et de poivre, faites cuire le tout et réduire la sauce. Au moment de servir vous y mettez une liaison de jaunes d'œufs délayés avec du lait ou avec de la crème. Faites lier sur le feu; dressez la fricassée, les abattis dans le fond, les cuisses et les ailes dessus : arrosez le tout avec la sauce et les champignons. — *Poulet au roux.* Vous passez au feu par morceaux, et vous faites avec de bon beurre un roux, que vous mouillez de bon bouillon et d'un demi-verre de vin blanc; vous ajoutez un bouquet garni, des champignons et des morceaux de fonds d'artichaux cuits d'avance, sel et poivre. Faites bouillir, dégraissez la sauce et servez quand elle est réduite.— *Poulet en fricandeau.* Comme le veau en fricandeau (p. 17). — *Poulet à la tartare* (entrée). Otez à un poulet le cou et les pattes, et fendez-le en longueur par le milieu et cassez-lui les os. Faites le mariner avec du beurre frais que vous faites fondre, persil, ciboules, champignons, très-faible pointe d'ail, le tout haché fin, sel et poivre, et panez-le de mie de pain; faites-le griller et servez-le en y versant une sauce à la tartare (p. 8). — *Poulet au riz* (entrée). Coupez-lui les pattes et troussez-le. Passez au beurre votre poulet et faites-lui prendre couleur; mouillez peu à peu avec du bouillon, faites cuire dans son jus pendant trois heures. D'autre part faites crever dans du bouillon, avec sel, poivre et un peu de laurier, deux cent cinquante grammes de riz. Quand le poulet et le riz sont cuits, mêlez le jus du poulet dans le riz, et servez.

Poulet rôti (rôt). Mettez si vous voulez dans le corps du poulet, du lard râpé avec le foie, ciboules, persil hachés. Enveloppez-le de bardes de lard et prenez soin de bien attacher les pattes. Arrosez avec le jus qu'il rend, auquel vous ajoutez un peu de beurre. Une heure de feu doit suffire. Quand la chair de la cuisse fléchit sous le doigt, il est temps de le débrocher; servez-le avec son jus, ou avec une couronne de cresson assaisonné de vinaigre, sel et poivre. — *Poulet rôti pour entrée.* Faites-le rôtir comme ci-dessus et dressez-le sur un plat pour le servir à l'une des sauces suivantes. *A la ravigotte, à la remoulade, à la sauce piquante, à la sauce blanche avec câpres ou cornichons, à l'italienne, à la Béchamelle;* ou avec un *ragoût de champignons, aux cornichons. —Desserte de poulet rôti.* Le poulet rôti de desserte se débite en morceaux, et s'accommode ordinairement en *blanquette, froid à la mayonnaise, en salade* composée de câpres ou cornichons, anchois si l'on peut, quartiers de laitue et fournitures de salade hachées qu'on assaisonne d'huile et de vinaigre avec échalottes hachées. On dresse sur un plat les morceaux de poulets qu'on entoure de salade, de fleurs de capucines et de bourrache, et on y verse le reste. — *Poule en daube* (entrée ou déjeuner). Emplissez-la de hachis ou de farce, piquez-la de gros lardons, et coupez-lui les pattes. Mettez-la dans la daubière avec du lard en dessous et en dessus; ajoutez les pattes et emplissez de hachis les vides laissés dans le vaisseau. Ajoutez deux carottes fendues, quatre gros ognons, un jarret de veau coupé, trois clous de girofle, un bouquet garni, laurier, thym, sel, poivre; mouillez avec du bouillon et un petit verre d'eau-de-vie; faites cuire de quatre à cinq heures. Quand la poule est cuite, retirez la daubière du feu, et attendez que la cuisson soit un peu refroidie pour mettre la daube sur un plat et la servir. Le plus ordinairement on fait cuire une daube au four et on la sert froide avec la gelée dans la daubière. Ce mets convient à un déjeuner de chasseurs.

Chapon et Poularde (rôt). Cette volaille se sert le plus souvent rôtie, et s'accommode d'ailleurs de toutes les façons indiquées pour le poulet.

Du Dindon. On recherche pour la table le dindon qui est jeune, tendre et gras et qui a les pattes noires. — *Dindon rôti* (rôt). Le dindon, pièce d'apparat, se sert d'abord rôti; on le pare en lui enlevant les abattis. D'ordinaire on le farcit à l'intérieur de marrons grillés ou de hachis de toutes sortes de viandes, persil, ciboules, épices. Il lui faut au moins deux heures et demie pour qu'il soit cuit. On l'assaisonne de cresson comme le poulet rôti. — *Abattis de dindon en fricassée de poulet* (entrée). Les abattis de dindon se préparent et se servent comme la fricassée de poulet. — *Dessertes de dindon rôti.* Comme celles de poulet.

DE L'OIE. L'oie domestique est jeune quand la partie supérieure du bec, en la pliant, se rompt facilement. — *Oie à la broche* (rôt). On peut la farcir comme le dindon. La graisse qui en découle quand elle cuit à la broche, est recherchée pour la cuisine et même pour la table. Il lui faut plus de deux heures de cuisson. — *Abattis d'oie* (entrée). Se prépare comme la fricassée de poulet (p. 27).

Desserte d'oie en salmis (entrée). Voyez salmis, p. 10. — *De différentes façons.* Faites réchauffer sur un gril des morceaux d'oie rôtie, et mettez-les à l'une des sauces qui suivent : *sauce Robert, ravigote, tartare.* Servez aussi avec une purée de choux. — *Oie en daube* (entrée). Comme la poule en daube. — Les oies peuvent être accommodées comme les canards, *aux navets, aux ognons, aux petits pois,* même *aux olives.*

DU CANARD DOMESTIQUE. — *Canard rôti* (rôt). Le jeune canard ou caneton se sert souvent rôti à la broche. Quand il est rôti, on peut aussi le servir avec une sauce piquante (v. p. 8). — *En salmis* (entrée). Après avoir été cuit à la broche, le canard se met aussi en salmis (v. p. 10). — *Aux navets* (entrée). Passez des navets au beurre, avec un peu de sucre, jusqu'à ce qu'ils aient pris couleur. Retirez-les de la casserole. Passez pareillement au beurre le canard. Retirez-le aussi de la casserole. Faites un roux et mouillez avec du bouillon et un demi-verre de vin blanc. Ajoutez un bouquet garni, sel et poivre. Remettez le canard dans la casserole et faites cuire le tout ensemble pendant deux heures pour un vieux canard et une heure et demie pour un caneton. Trois quarts d'heure avant de servir, vous aurez soin de remettre les navets dans la sauce pour qu'ils achèvent de cuire. — *Aux ognons* (entrée). Même préparation que pour le canard aux navets. Ces derniers sont remplacés par de petits ognons entiers et assortis. — *Aux petits pois* (entrée). Passez-le d'abord à la casserole avec du lard coupé en petits carrés, et retirez le canard et le lard. Faites un roux avec une bonne pincée de farine ; mouillez avec du bouillon. Mettez-y le canard avec un litre de petits pois, un bouquet garni, laurier. Faites bouillir pendant une heure et demie pour un jeune, et deux heures pour un vieux canard. Dégraissez. — *Aux olives* (entrée) se prépare de la même manière, excepté qu'on le laisse cuire dans la sauce sans petits pois, et que cinq minutes avant de le retirer du feu, on met dans la cuisson des olives coupées en spirales.

DES PIGEONS. On distingue, pour la cuisine, les pigeons privés, dits de *volière*, et les pigeons *bizets* des colombiers. — *Pigeons rôtis* (rôt). On prend, pour rôtir, de préférence les pigeons de volière. On les met à la broche, enveloppés de lard et de feuilles de vignes.—*A la crapaudine* (entrée). Fendez les pigeons dans toute leur longueur par le dos, et aplatissez-les. Trempez-les dans une marinade d'huile ou de graisse fondue, et panez-les de mie de pain assaisonnée de sel, poivre, persil haché. Mettez-les cuire sur le gril, l'estomac en dessous et les retournez. Quand ils ont cuit et pris couleur, vous les servez sur une sauce faite avec des échalottes, sel, poivre, vinaigre et de bon beurre, ou sur une sauce *à la tartare*. — *Aux petits pois.* Comme le *canard aux petits pois* (v. p. 30). Ne faire cuire qu'une heure à un feu modéré. — *En compote.* Faites revenir dans une casserole, avec de petits morceaux de lard, des pigeons entiers. Quand ils ont pris une belle couleur, vous les retirez avec le lard. Vous faites un roux foncé et vous le mouillez de bouillon. Ajoutez sel, poivre, bouquet garni, des petits ognons passés au beurre et des champignons. Remettez alors les pigeons et le lard, et laissez cuire une heure. — *En fricassée de poulet.* Comme la fricassée de poulet, avec un roux foncé.

Du Gibier.

On distingue deux sortes de gibier, le gibier à poil, qui comprend la venaison, le cerf, le sanglier, etc., et le petit gibier, le lièvre, le lapin et le gibier à plumes. — La classe du gibier à plumes comprend les perdreaux, les cailles, les faisans, les oiseaux aquatiques, etc. La venaison sort des usages ordinaires de la table. Passé l'âge de trois ans, ce gibier est d'une qualité douteuse et a besoin, pour cuire, d'être bien mortifié et d'être longtemps au feu. Ses parties tendres, les côtelettes et les filets, s'apprêtent comme le chevreuil.

DU CHEVREUIL. — *Filets et côtelettes* (entrée). Faites mariner la chair pendant au moins quarante-huit heures et quatre jours au plus, dans une marinade composée de moitié eau, moitié vinaigre, sel, épices, aromates, ognons tranchés, ail, carottes, ciboules, après l'avoir parée et lardée. Faites cuire à la broche, environ une heure. Pendant qu'il cuit, faites un roux que vous mouillerez d'un peu de bouillon et du jus de la marinade. Mettez-y les filets et laissez bouillir le tout pendant deux heures. Au moment de servir, ajoutez à la sauce trois cuillerées de câpres ou de cornichons coupés. Servez sur la sauce. — *Civet de chevreuil* (entrée). Ce sont les épaules et la poitrine qu'on met en civet. Après avoir fait un roux foncé, mouillé avec un peu de bouillon ou d'eau, mettez-y les morceaux de chevreuil, des échalottes hachées; ajoutez un verre de bon vin rouge, du lard coupé fin, sel, poivre, du thym et un peu de laurier. Dégraissez la sauce avant de servir. — *Gigot de chevreuil rôti* (rôt). Il faut le piquer serré de lard fin et le faire mariner. Faites-le saisir par un feu vif; arrosez-le avec sa marinade. Servez-le avec une sauce piquante relevée.

DU LIÈVRE. — *Civet de lièvre* (entrée). Coupez un lièvre en morceaux, ou le devant seulement, si vous destinez le derrière à la broche. Mettez le sang à part. Faites frire dans une casserole des petits morceaux de lard avec un peu de beurre. Retirez-les et mettez à leur place les morceaux du lièvre que vous faites revenir. Couvrez-les d'un peu de farine en les tournant; mouillez d'un peu de bouillon et d'un bon verre de vin rouge; ajoutez bouquet garni, peu de sel, muscade râpée, poivre, ail, douze petits ognons et les lardons. Faites mijoter le tout pendant deux heures et demie ou trois heures. Quelques minutes avant de servir, liez la sauce avec le sang du lièvre, et si elle était trop épaisse, ajoutez un peu de bouillon. — *Lièvre et levraut rôtis*. Piquez le lièvre de lard fin et faites-le mariner comme il est dit pour le chevreuil. Faites-le cuire à la broche pendant une heure au moins, et arrosez-le souvent avec la marinade. Quand il est cuit, servez-le avec une sauce piquante dans laquelle vous avez écrasé le foie après l'avoir fait revenir à la casserole. — *Desserte de lièvre rôti* (entrée). Coupez en tranches ce qui reste, et servez-le réchauffé dans une sauce piquante. — *Lièvre et levraut sautés* (entrée). Coupez le lièvre en morceaux, et le mettez dans une poêle ou une casserole avec un morceau de beurre. Passez le tout sur le feu et sautez les morceaux après les avoir saupoudrés de farine; mouillez avec du bouillon, un verre de vin blanc pour le lapin, rouge pour le lièvre; ajoutez bouquet garni, champignons, quelques petits morceaux de lard, sel, poivre. Faites cuire deux heures pour un lièvre, et une heure et demie pour un levraut ou un lapereau. Faites réduire la sauce, et liez-la avec trois jaunes d'œufs délayés avec du bouillon et mêlés de persil haché. — *Pâté de lièvre en pot* (déjeuner). Prenez un lièvre frais tué de préférence; désossez-le et hachez-en la chair avec un demi-kilogramme de rouelle de veau et autant de porc frais entrelardé, persil, ciboule, ail, thym, laurier, girofles. Garnissez, en tous sens, de bardes de lard une terrine qui se ferme bien. Mettez-y le hachis et versez-y un petit verre d'eau-de-vie. Puis couvrez-le de bandes de lard. Le couvercle ajusté, vous le collez avec de la pâte. Faites cuire au four pendant quatre heures pour servir froid.

Du LAPIN. — Il y a le lapin domestique et le lapin de garenne. L'un et l'autre s'apprêtent de la même manière. — *Lapin en gibelotte* (entrée). Faites roussir de petits ognons avec de petits morceaux de lard. Enlevez les lardons et les ognons de la casserole et mettez-y le lapin coupé par morceaux, saupoudrez-les de farine et les faites sauter dans la graisse du lard. Ajoutez un demi-verre de bouillon, un demi-verre de vin, blanc de préférence au rouge, bouquet garni, du thym, du sel, du poivre et deux clous de girofle; vous remettez les lardons et faites chauffer. Quand le tout a bouilli une demi-heure, remettez les ognons et faites cuire encore environ quarante minutes. Servez le tout après avoir lié la sauce avec un peu de beurre frais. — *Civet de lapin* (entrée). Se fait comme celui du lièvre. — *Lapereau à la poulette* (entrée). Le lapin, surtout le lapereau, s'apprête à la poulette; on suit à cet égard tout ce qui se rapporte à la fricassée de poulet, p. 27. — *Lapin au blanc* (entrée). Après avoir coupé un lapin en morceaux, lavez ces morceaux pour en ôter le sang; mettez votre lapin dans une casserole avec un bon morceau de beurre, faites-le revenir et ajoutez une cuillerée de farine; mouillez avec du bouillon et un verre de vin blanc; mettez-y aussi un bouquet garni, des champignons, du lard coupé en tranches minces, sel et poivre. Faites cuire vivement pour que la sauce se réduise; quand la cuisson est avancée, mettez de petits ognons. Au moment de servir, liez la sauce avec trois jaunes d'œufs. — *Lapin et lapereau sautés* (entrée). Comme le lièvre et le levraut, p. 33. — *Pâté de lapin en pot* (déjeuner). Comme le pâté de lièvre en pot, p. 33. — *Lapin rôti* (rot). Comme le lièvre rôti, p. 32. *Desserte de lapin rôti* (entrée). Comme pour le lièvre, p. 32. — *Lapereau aux olives*. Comme le canard aux olives, p. 30.

Du Gibier à plumes.

DES PERDREAUX ET DES PERDRIX. Tout gibier à plume se plume, se flambe et se vide comme la volaille. — *Perdreaux rôtis* (rôt). Les perdreaux se servent le plus souvent rôtis. Bardez-les de lard, ou mieux encore piquez-les de lard fin et mettez-les à la broche, pendant environ trois quarts d'heure. — *Desserte de perdreaux rôtis* (entrée). Les perdreaux rôtis qui ont paru sur la table peuvent être préparés en *salmis*, p. 10; en *mayonnaise*, en *salade*, p. 9 et 29. — *Perdreaux à la crapaudine*. Comme les pigeons, p. 31. — *Perdrix aux choux* (entrée). Troussez (une ou deux) perdrix et ficelez-la pour l'arrondir. Faites cuire dans un vaisseau, une ou deux têtes de choux de Milan, avec un morceau de lard de poitrine, en baignant dans l'eau. Pendant que les choux cuisent, faites revenir à la casserole pour une perdrix environ 125 grammes de lard coupé en petits dés. Quand ils ont pris belle couleur, retirez-les sur une assiette. Passez la perdrix dans la graisse jusqu'à ce qu'elle soit dorée; mettez un peu de farine et la tournez; mouillez-la d'environ deux verres de bouillon, ajoutez bouquet garni, les lardons roussis, poivre, d'autant moins de sel que le lard est plus salé, pointe d'ail haché, deux clous de girofle et un peu de laurier. Laissez cuire le tout environ une heure et demie. Égouttez les choux s'ils sont cuits, et ayant ôté la perdrix de la sauce, mettez-y les choux et les laissez ainsi bouillir environ un quart d'heure; vous y posez alors la perdrix. Faites frire des croûtes de pain à la poêle dans du beurre frais et les retirez de la poêle pour y mettre cuire des petites saucisses rondes. Cela fini, vous coupez par tranches le porc de la cuisson des choux. Dressez sur un plat, d'abord les choux sur lesquels vous mettez la perdrix, ensuite vous couronnez le plat de vos tranches de lard cuit avec les choux, des saucisses, de rouelles de jambons, des croûtons de pain, en ornant le tout de petites découpures fines de carottes crues. — *Perdrix aux ognons*. Comme le canard aux ognons (p. 30).

Des gibiers divers à plumes. La plupart de ces gibiers se servent rôtis. Ce sont, pour les principaux, le *faisan*, qui d'ailleurs s'accommode comme les perdreaux; la *caille*, qui se met à la broche enveloppée de feuilles de vignes; les *bécasses et bécassines*, qui se mettent rôtir sans être vidées et s'accommodent aussi en salmis; de même le *pluvier* et le *vanneau*, la *gelinote*, le *râle* des genets, etc. Puis, les *canards et les oies sauvages*, qui s'apprêtent comme les canards et les oies domestiques; les *pigeons ramiers* et les *tourterelles*, qu'on peut accommoder comme les pigeons ordinaires. Enfin, les *alouettes ou mauviettes* qui se font cuire le plus souvent à la broche; bardées sans être vidées; *en gibelotte*. Même préparation que pour la gibeotte de lapin; mettre du vin rouge (p. 33).

Du Poisson.

Il y a le poisson d'eau douce et le poisson de mer.

DU POISSON D'EAU DOUCE. — Les poissons d'eau douce se servent cuits au court bouillon, sur le gril, avec une sauce, ou frits.

Court-bouillon ou bleu pour cuire le poisson. Prenez moitié eau, moitié vin blanc, ou, à défaut de vin, du vinaigre en petite quantité, puis du sel, du poivre, des tranches de carottes, de l'ail et des ognons. Quand le tout a bouilli environ un quart d'heure, vous y jetez le poisson pour le faire cuire, en moyenne, pendant un quart d'heure. — *Poissons cuits au bleu* (rôts). Les brochets (cuits au bleu ne s'écaillent pas), les carpes, les truites, les barbillons, les perches, les tanches, surtout quand ces poissons sont de grosses pièces, se cuisent au court-bouillon. On les sert alors pour rôts, sur une serviette avec une couronne de persil, et accompagnés d'une sauce *blanche aux câpres* ou aux *cornichons*, d'une *maître d'hôtel*, ou à l'*huile* et au *vinaigre* (p. 7).

MATELOTES. — *A la marinière* (entrée). Pour faire une bonne matelote, réunissez, si vous pouvez, un brochet, une carpe, une anguille, un barbillon, enfin plusieurs sortes de poissons. Écaillez proprement et videz votre poisson, dont vous enlevez les ouïes, prenez garde de crever le fiel ou l'*amer;* jetez les œufs du brochet qui sont un purgatif, et conservez les œufs et les laitances des autres poissons. Coupez le poisson par tronçons et le rangez au fond d'un chaudron en cuivre, dans lequel vous versez autant de bon vin qu'il en faut pour que le poisson en soit presque couvert. Ajoutez bouquet garni, une douzaine de gousses d'ail entières, trois clous de girofle, plusieurs gros ognons coupés, sel, poivre. Une demi-heure avant de servir, vous mettez le chaudron sur un feu clair et très-vif, la matelote entre bientôt en ébullition; ajoutez alors, un petit verre d'eau-de-vie, des boulettes de beurre maniées de farine. Le feu ne manque pas de prendre dans le chaudron; vous le tempérez en continuant d'ajouter des boulettes de beurre. La sauce s'étant réduite, retirez le chaudron. Dressez le poisson sur un plat, versez-y toute la matelote en supprimant le bouquet garni et les ognons seulement, ornez le plat de pain grillé. Servir chaud.

A la bourgeoise (entrée). Préparez et coupez votre poisson comme précédemment et le mettez dans une casserole. Faites ensuite dans une autre casserole un roux et mettez-y de petits ognons que vous faites cuire à moitié en y ajoutant encore un peu de beurre. Ensuite vous le mouillez de moitié vin rouge et de moitié bouillon maigre ou d'eau. Versez, après, les ognons avec leur sauce dans la casserole où le poisson est préparé; assaisonnez de sel, poivre, de plusieurs gousses d'ail, et d'un bouquet garni. Faites cuire, à grand feu, pendant une demi-heure. Dressez le plat comme précédemment et servez après avoir mis quelques croûtons de pain dans la sauce. — *Carpe à l'étuvée* (entrée). Quand on fait une *matelote bourgeoise*, avec une carpe seule, on l'appelle carpe à l'étuvée. — *Brochet et anguille à la tartare* (entrée). Après l'avoir écaillé, si c'est un brochet, et dépouillée, si c'est une anguille, coupez le poisson par tranches et le faites mariner dans de l'eau vinaigrée, avec sel, poivre, persil haché. Faire cuire les tronçons sur le gril; servez avec une sauce à la tartare. *Servez de même la lamproie* qu'on met aussi en matelote.

Poissons cuits sur le gril (rôts). Tous les poissons d'eau douce un peu gros peuvent être cuits sur le gril. On les sert ensuite avec une *sauce blanche*, une *maître d'hôtel*, une *sauce à l'huile*, à la *ravigote*, à la *provençale*. — *Poissons frits*. Tous les poissons d'eau douce peuvent être servis frits; les goujons, les ablettes, les petits gardons ne se servent pas autrement. Pour faire frire les poissons un peu gros, on les fend en deux selon leur longueur, on les enfarine et on les jette dans une friture très-chaude. On les y laisse cuire et on les tourne avec une écumoire, jusqu'à ce qu'ils soient bien rissolés; on les sert garnis de persil frit.

Des Écrevisses (entremets). On retire à chacune des écrevisses la nageoire du milieu de la queue qui entraîne un petit boyau noir et amer; on les lave ensuite à grande eau, plusieurs fois. Cela fait, mettez-les dans une casserole avec des herbes odoriférantes, ail, persil, un ognon coupé, carotte, poivre et sel, eau mêlée de deux cuillerées de vinaigre ou vin blanc. Faites cuire, en couvrant la casserole, pendant une heure; retirez-les et les faites égoutter. Dressez-les en *buisson* avec du persil vert sur une serviette et les servez.

Cuisses de grenouilles à la poulette (entrée). Retirez la peau des cuisses et faites-les dégorger au moins trois heures à l'eau froide. Puis, après les avoir égouttées et mises dans une casserole, vous les sautez un instant dans le beurre en les saupoudrant de farine; mouillez de vin blanc, sel, poivre, échalottes hachées; liez la sauce de jaunes d'œufs et servez. On les mange aussi *frites*, après avoir été trempées dans une pâte claire.

Du poisson de mer. Les poissons de mer sont nombreux. On les confond vulgairement sous le nom de *marée*. Nous traitons des principaux. Du Turbot. — *Turbot aux câpres* (relevé). Le turbot se fait cuire une heure à feu doux, dans un bain formé moitié d'eau salée, et moitié de lait avec plantes aromatiques. Servez-le sur une serviette, accompagné d'une sauce blanche aux câpres. Les restes de turbot s'arrangent dans un plat et se servent couverts d'une *Béchamelle*.

Du saumon. — Il y a le saumon frais et le saumon salé. — *Saumon frais au court bouillon* (rôt). Après l'avoir fait cuire au court bouillon, en mijotant pendant deux heures, vous le servez avec une sauce *au beurre et aux câpres* ou *aux tomates*. — *En papillottes* (entrée). Coupez-le par tranches et préparez-le comme les côtelettes de veau en papillottes (v. p. 18). — *A la maître-d'hôtel* (entrée). Coupé par tranches, on le rôtit sur le gril pour le servir sur une maître-d'hôtel. — *Saumon salé* (entrée). Faites-le dessaler, cuire comme la morue salée (v. p. 38), et servez-le à *l'huile* ou à la *maître-d'hôtel* (v. p. 7).

De l'alose. — *Au court bouillon*. Quand l'alose est cuite au court bouillon, vous la servez avec une mayonnaise, une *sauce aux câpres* ou à l'huile. — *A la maître-d'hôtel*. Faites-la mariner dans l'huile et griller. Servez-la sur une maître-d'hôtel. — *A l'oseille*. Marinée et grillée comme la précédente, servez-la sur une farce d'oseille.

De la raie. La raie bouclée est la meilleure. Faites-la cuire dans l'eau avec du vinaigre et du sel. Après deux bouillons, retirez-la pour l'égoutter et l'éplucher. On la sert le plus souvent, accompagnée de son foie, avec une *sauce blanche aux câpres* ou *au beurre noir*, ou à *la maître-d'hôtel*, avec câpres ou filet de vinaigre.

De la morue salée. — La morue salée, de bonne qualité, a la chair blanche, la peau noire et de grands feuillets. Faites-la dessaler pendant vingt-quatre heures en la changeant trois fois d'eau. Mettez-la cuire dans l'eau, écumez-la. Lorsque l'eau bout, retirez le vase du feu et couvrez-le pendant un quart d'heure. Otez ensuite la morue. — *A la maître-d'hôtel* (entrée). Quand elle est cuite comme ci-dessus, vous mettez la morue sur un plat et vous y versez une *maître-d'hôtel.* Vous la servez entourée de rouelles de pommes de terre vitelottes cuites dans son eau. — *A la Béchamelle* (entrée). Cuite comme ci-dessus, mettez-la en morceaux déchiquetés quelques minutes dans une béchamelle chaude. — *Au blanc* (entrée). Faites cuire comme ci-dessus. Mettez dans une casserole un bon morceau de beurre, un peu de farine, poivre. Mouillez avec un peu de lait; mettez-y la morue quelques minutes et servez. — *A la sauce aux câpres* (entrée). Cuite comme ci-dessus et toute chaude, dressez-la sur un plat et servez en versant dessus une sauce blanche aux câpres. — *Aux pommes de terre* (entrée). Même cuisson que ci-dessus et même sauce que la précédente, à laquelle vous ajoutez de petites pommes de terre cuites à l'eau salée, coupées par morceaux. — La morue se mange aussi au *beurre noir;* à *l'huile et au vinaigre;* à *la sauce provençale* (v. p. 8). — *Le cabillaud* (entrée) ou morue fraîche se cuit au court bouillon et se sert à l'huile et au vinaigre.

De l'anguille de mer *ou congre.* Faites-la cuire au tiers comme la raie. Coupez-la par tranches peu épaisses. Panez-la de mie de pain maniée de fines herbes et faites-la cuire de belle couleur sur le gril; puis servez-la *à la tartare,* à *la maître-d'hôtel,* à une *sauce blanche aux câpres,* à la *Sainte-Ménéhould,* ou bien au *beurre noir,* ou en *matelote.*

De la sole. — *La sole, la limande, la plie, et le carlet* se préparent tous quatre de la même manière. — *Sole frite* (rôt maigre ou entremets). Après l'avoir vidée, fendez-la sur la raie du dos, farinez-la, et la friture étant très-chaude, mettez-y le poisson prendre une belle couleur. Servez-le couronné de persil frit. — *Sole au gratin.* Mettez au fond d'un plat ou d'une tourtière, beurre avec persil, ciboule, échalottes, champignons hachés, poivre, sel. Posez dessus la sole et couvrez-la du même assaisonnement avec du beurre; ajoutez un verre de vin blanc, sinon de rouge, et un peu de bon bouillon, de la mie de pain, pour masquer, avec du beurre. Faites cuire feu dessus, feu dessous. — Sans mie de pain, cette préparation est un *poisson sur le plat;* sans champignons, *un poisson aux fines herbes.*

Du maquereau et du hareng. — Le maquereau se mange frais; mais le maquereau salé est d'une grande ressource les jours maigres, à la campagne. — *Maquereau frais à la maître-d'hôtel*. Videz et essuyez le maquereau. Fendez-le par le dos et faites-le griller des deux côtés. Dressez-le sur un plat chaud et garnissez-le de bon beurre frais manié de persil, ciboules, ail fin, sel et poivre. Servez avec un filet de vinaigre. — *Au beurre noir*. Comme ci-dessus, avec une sauce au beurre noir. — *A la tartare*. Comme le précédent, avec une sauce tartare, de même à l'huile, à la sauce tomate en mayonnaise (v. p. 9). — *Maquereau salé*. Le maquereau salé se fait dessaler et cuire comme la morue. On le sert *à la ménagère*, avec une salade d'ognons et de persil hachés, huile et vinaigre; — *à la maître-d'hôtel, au beurre noir, à la sauce à la crème*, comme la morue. — *Du hareng frais*. Le hareng frais étant vidé, écaillé et fariné, se fait cuire sur le gril. On le sert (entrée) *à la maître-d'hôtel, à la sauce Robert, à la sauce tomate, à la tartare*, froid *en mayonnaise, au beurre noir*. Enfin, on le sert *frit*. — *Du hareng salé*. Faites-le dessaler une journée. Nettoyé, écaillé et grillé, on le sert comme le maquereau, — à la *ménagère*, sur une *purée d'ognons*, de *lentilles* ou de *pois* ; — *à la sauce Robert, à la sauce blanche* avec des cornichons. — *Hareng saur*. Se sert comme hors-d'œuvre, grillé et assaisonné d'huile.

DU MERLAN, DU THON, DES ANCHOIS ET DES ÉPERLANS. — *Merlan frit* (entremets). Écaillez, videz et lavez le merlan. Laissez-lui son foie, sa laitance et ses œufs dans le corps. Ciselez-le des deux côtés. Faites-le frire comme la sole, dans une friture très-chaude (v. p. 11). — *Au gratin* (entrée). Comme la sole (v. p. 39). — *Grillé* (entrée). Le merlan se dépèce facilement sur le gril ; il en faut soigner la cuisson. Ainsi cuit, servez-le *à la maître-d'hôtel, à la sauce aux câpres, à la tartare, aux tomates, en mayonnaise*. — *Du thon*. Le thon est livré à la consommation tout mariné. Mis en coquille, il est servi comme *hors-d'œuvre*. On en fait des pâtés de carême. — *Des anchois*. Les anchois sont préparés dans le sel par les pêcheurs. Pour en faire usage, on les fend en longueur et on les fait dessaler. Ils servent à fournir un hors-d'œuvre recherché ; on les sert aussi en salade avec des cœurs de laitues et des œufs durs. — *Éperlans frits*. On les écaille, on les essuie; on peut ne les pas vider. On les enfile dans une brochette; on les farine après les avoir trempés dans du lait et on les fait frire dans du beurre très-chaud. — *Au gratin.* Comme la sole (v. p. 39).

DU HOMARD, DE LA LANGOUSTE ET DU CRABE. — Cette sorte de marée se fait cuire, comme les écrevisses, pendant trente à quarante minutes. On les sert, comme entrées ou deuxième rôti, avec une *sauce à l'huile et à la moutarde,* dans laquelle on fait entrer leurs œufs, ou en salade avec des œufs durs hachés.

DES MOULES ET DES HUÎTRES (entrée). — Il faut choisir les moules fraîches, lourdes, de grosseur moyenne, et, pour éviter tout danger, les faire dégorger cinq à six heures dans l'eau renouvelée plusieurs fois. Ensuite, on les ratisse une à une et on les soumet à sec, dans une casserole, à un feu vif. Elles ne tardent pas alors à s'ouvrir. Otez à chacune une coquille et débarrassez-les des crabes qu'elles pourraient contenir. Dressez-les sur un plat. Faites une sauce à la poulette (v. p. 8); versez sur les moules. Après avoir fait un peu chauffer, servez. — Les huîtres *fraîches* se servent généralement crues, ouvertes, sur un plateau ou un grand plat, avec gros poivre et citron à part. Les huîtres *marinées* se servent en *hors-d'œuvre.* On les arrose d'huile mêlée d'un peu de la marinade, dans une coquille.

Des Œufs.

Les œufs frais, exposés à la lumière, sont transparents. Quand ils sont piqués ou tachés, ils ne valent rien.

Œufs à la coque (hors-d'œuvre, déjeuner). Quand l'eau est bouillante, mettez-y les œufs trois minutes. Retirez-les et les servez dans une serviette. Si on les laisse de quatre à cinq minutes, ils sont *mollets;* au delà, ils sont durs. — *Mollets* (entrée). Les œufs mollets s'accommodent à toute espèce de sauces, se peuvent servir sur toutes purées et principalement sur une farce d'oseille, de laitue ou de chicorée. Une sauce à la crème, mêlée d'échalottes et de persil haché, leur convient surtout. — *Sur le plat* (entremets ou entrée). Prenez un plat qui aille au feu; mettez-y du beurre étendu un peu partout. Cassez et mettez dessus des œufs;

assaisonnez de sel et de poivre et de deux cuillerées de crême. Faites cuire à petit feu, pendant dix minutes. — *Brouillés.* Mettez les œufs cassés dans un plat avec beurre, sel, poivre, muscade râpée. Faites-les cuire en ne cessant de les remuer ; quand ils commencent à prendre retirez-les et ajoutez une bonne cuillerée de crême. Si l'on a de l'oseille cuite à l'eau, et qu'on la brouille avec les œufs en y mettant plus de beurre, on obtient un excellent plat, des œufs brouillés à l'oseille. — *En omelettes.* Cassez dans un plat le nombre d'œufs que vous désirez, et pour mieux faire, ayez un plat pour mettre les blancs, un pour les jaunes des œufs ; battez-les bien séparément, puis réunissez les uns et les autres ; battez-les encore pour les bien mélanger, ajoutant une petite cuillerée d'eau, sel et poivre. Faites fondre et noircir du beurre dans la poêle, versez-y les œufs et laissez cuire modérément. Pour servir, vous déposez l'omelette sur un plat en la renversant sur elle-même en *chausson.* Si vous mettez dans les œufs battus des fines herbes, vous avez une *omelette aux fines herbes ;* si vous remplacez le beurre par du lard coupé et frit, *c'est une omelette au lard ;* si vous enduisez l'omelette de confitures au moment de la renverser, c'est une *omelette aux confitures.* Enfin, si vous la sucrez en dedans et que vous la serviez baignant dans du rhum brûlant, vous avez une *omelette au rhum.* — *A la tripe* (entremets). Coupez des ognons en tranches ; passez-les au beurre, sans les laisser trop roussir. Quand ils sont cuits, mettez une cuillerée de farine, un peu de bouillon ou d'eau, sel et poivre. Laissez mitonner le tout. Mettez-y des œufs durs coupés en tranches ; sautez-les jusqu'à ce qu'ils soient chauds sans bouillir. Liez avec de la crême. — *Frits* (entremets). Cassez-les dans une friture très-chaude pour qu'ils s'y pochent, retournez-les avec précaution et ne laissez pas durcir le jaune. Servez en versant dessus un peu de vinaigre. — *En matelote* (entrée). Préparez une matelote comme celle pour le poisson. Quand elle est en pleine ébullition, cassez et mettez-y des œufs pour les y pocher ; les ayant retirés quand ils sont cuits, vous les dressez sur un plat avec la matelote. — *Œufs au lait* (entremets sucrés). Faites bouillir un demi-litre de lait avec 125 grammes de sucre. Ayant battu ensemble six ou huit œufs avec deux cuillerées de fleurs d'oranger, vous les mettez dans un plat creux destiné à les servir et vous versez sur les œufs le lait bouilli, après l'avoir laissé refroidir ; vous mélangez le tout en tournant. Mettez le plat au bain-marie sur une casserole pleine d'eau, avec feu sur le couvercle. Quand les œufs sont pris, laissez-les refroidir ; saupoudrez-les de sucre en poudre que vous saisissez avec une pelle rouge. On sert froid.

Du Laitage.

On peut conserver le lait pendant plusieurs jours en le mettant au frais après l'avoir fait bouillir ou en y ajoutant un peu de carbonate de soude dissous dans l'eau. — *De la crème et du beurre.* La bonne *crème* est jaunâtre, épaisse et d'une odeur agréable, on la conserve au frais, comme tout laitage. — Le bon *beurre* est jaune naturellement, d'une pâte fine et d'une odeur de noisette. Les beurres de mai et de septembre sont les plus estimés. — *Fromage à la crème* (dessert). Délayez du fromage frais avec du lait pour le bien écraser. Quand il est réduit en bouillie, versez-y de la crème et remuez bien le tout. Vous le servez accompagné d'un sucrier contenant du sucre en poudre. — Le laitage fournit de nombreux fromages qui se servent au dessert. Les principaux sont les fromages de *Gruyère*, de *Hollande*, de *Parmesan*, de *Roquefort*, de *Brie*, d'*Olivet* et d'*Auvergne* et le *Ménard*.

Crème à la fleur d'oranger (entremets sucré). Faites bouillir un litre de lait avec deux hectogr. de sucre cassé et retirez-le du feu. Ayant battu préalablement dans un vase six jaunes d'œufs, vous les mêlez bien avec le lait en y ajoutant deux cuillerées de fleur d'oranger. Versez le tout dans le plat à servir ou dans de petits *pots à crème*. Faites prendre au bain-marie avec feu dessus. — La *crème au café* se fait de même en remplaçant par du café à l'eau très-fort la fleur d'oranger. On prépare la *crème à la vanille*, avec une infusion de cet aromate, la *crème au chocolat*, avec 125 grammes de chocolat délayé dans du lait chauffé.

Des Légumes.

Nous allons indiquer la manière de préparer ceux des légumes qui sont les plus nourrissants.

DES POMMES DE TERRE. La manière la plus simple de cuire les pommes de terre, c'est de les cuire à *l'étuvée*, à la vapeur d'eau salée, sur une petite claie, dans une marmite où on les couvre d'un torchon mouillé. On les laisse au feu jusqu'à ce qu'elles cèdent au doigt si on les presse. Ensuite on les pèle et on les emploie à son gré. Elles peuvent se manger à presque toute espèce de sauces, et s'arrangent des préparations de toutes sortes. On les sert à *la sauce à la crème* (entrée), *à la maître-d'hôtel* (entrée), *à la sauce blanche* (entrée), *frites* dans le beurre, l'huile ou le saindoux (entremets), *en salade* (entremets), *sautées au beurre* dans la casserole; *en robes de chambre, en purée* (v. p. 10). — *Pommes de terre en robe de chambre* (hors-d'œuvre). Cuites à la vapeur ou au four, vous les servez sous une serviette pliée, et chaque convive les mange à la croque au sel ou avec un peu de beurre. — *Topinambours*. On les sert frits après avoir été coupés en tranches. On les met aussi dans les ragoûts à la place de fonds d'artichauts ou à la sauce blanche avec filet de vinaigre.

POIS. — *Petits pois verts à la bourgeoise* (entremets). Pour un litre de pois, prenez environ six décagrammes de beurre frais que vous mettez avec les pois dans une casserole, en y ajoutant un bouquet de persil, des ognons, plusieurs cœurs de laitue ou de romaine fendus en quatre, sel, poivre et un peu de sucre, laurier, un peu de sarriette ou de thym; faites cuire le tout dans son jus, à petit feu, pendant une heure et demie. On peut lier, avec crème ou jaunes d'œufs. — *Pois verts au lard* (entremets). Faites un roux léger; passez-y du lard de poitrine coupé en tranches minces. Mouillez avec du bouillon et mettez-y les pois, avec un bouquet de persil et ciboules, sel et poivre. — *Pois secs*. Ils servent à faire la purée de pois (v. p. 10) en maigre. La purée de pois se fricasse comme un potage à l'ognon (v. p. 5).

DES HARICOTS ET LENTILLES. — *Haricots verts* (entremets). Faites-les cuire dans l'eau, avec laurier, et les égouttez. Faites fondre chaud, sans roussir, un morceau de beurre et tournez-y les haricots avec une pincée de farine. Mouillez avec du bouillon et de l'eau, ajoutez sel et poivre. Faites réduire la sauce. Liez avec de la crème ou des jaunes d'œufs. — Les haricots verts ou frais écossés, cuits de même, se servent aussi à une *maître-d'hôtel* ou *en salade*. Pour *la maître-d'hôtel*, faites tiédir un morceau de beurre manié de fines herbes, avec sel et poivre. Mettez-y les haricots; ajoutez filet de vinaigre. — On les met *au roux* avec des ognons tournés et cuits dans le roux, qu'on mouille avec du bouillon et de l'eau et qu'on assaisonne de bon goût. — *Haricots secs. Haricots blancs à la maître-d'hôtel*. On les fait cuire comme précédemment pour les servir avec *une maître-d'hôtel* ou *au roux*, en gras et en maigre, ou en salade. — *Haricots rouges à l'étuvée* (entremets). Faites-les cuire, à petit feu, pendant au moins trois heures dans une eau où vous mettez du beurre ou du lard coupé, un peu de vin, ognons, bouquet garni, ail, deux ou trois clous de girofle. Cuits à l'eau, on les sert aussi en salade et l'on en fait des purées. — *Des lentilles* (entremets). Les lentilles se cuisent, se préparent et se servent comme les haricots secs et pour purée. — *Des fèves de marais* (entremets). Même cuisson et même préparation que pour les haricots frais.

DES CHOUX, NAVETS ET CAROTTES. — *Choux à la bourgeoise*. On fait cuire les choux à l'eau, puis on les égoutte. On les met dans une casserole avec du beurre, du poivre, très-peu de sel et quelques cuillerées de crème ou de lait. Au gras, on remplace le beurre par de la graisse ou du lard, et on supprime le laitage. Les *choux de Bruxelles* se préparent de même. — *Choux farci* (entremets). Prenez un choux dit cœur de bœuf, blanc ou rouge. Enlevez-en les feuilles extérieures; faites-le blanchir un quart d'heure à l'eau bouillante et mettez-le dans l'eau froide, pressez-le ensuite pour bien l'égoutter; écartez les feuilles intérieures sans les casser, et remplissez le chou avec de la chair à saucisses, mêlée pour le mieux de marrons rôtis hachés, ou avec telle autre farce que vous voudrez. Ficelez-le, et l'ayant couvert de bandes de lard, faites-le mijoter pendant quatre heures avec bouillon, carottes, ognons, deux clous de girofles, sel, poivre, bouquet garni. Dressez sur un plat et servez. — *Choux au petit-salé* (V. p. 26, petit-salé aux choux). — *Choucroute* (entrée). Faites dessaler la choucroute pendant deux heures et lavez-la à plusieurs eaux. Faites-la cuire au beurre, à la graisse ou avec du lard. Servez-la avec du petit-salé, du saucisson ou du jambon réchauffé. — *Choux-fleurs à la sauce blanche* (entremets). Quand ils sont épluchés, faites-les cuire à l'eau. Égouttez-les et dressez-les par moitié sur un plat avec une sauce blanche. — *Choux-fleurs en salade*. Cuits à l'eau, on les sert avec une sauce froide à l'huile et au vinaigre. — *Choux-fleurs au gratin* (entremets). Cuits à l'eau, vous les couvrez de mie de pain avec de petits morceaux de beurre. Faire cuire, feu par-dessus et feu moindre par-dessous. — *Les Navets* s'accommodent en maigre, à la crème, ou, en gras, comme les choux à la bourgeoise, ou se servent dans une sauce au roux avec de bon beurre. — *Carottes*. Coupez-les en tranches et blanchissez-les à l'eau bouillante. Faites un roux léger auquel vous ajoutez un peu de sucre en poudre. Mouillez avec du bouillon : mettez-y les carottes avec sel, poivre et muscade. Liez la sauce avec un peu de beurre manié de farine.

SALSIFIS ET SCORSONÈRES. — On ratisse ces racines et on les jette à mesure dans de l'eau où l'on a versé un peu de vinaigre. On les fait cuire à grande eau avec sel et un peu de vinaigre. On les mange à la *sauce blanche*, *au gras* dans une sauce faite avec un roux mouillé de bouillon ; *frits*, à l'huile et au vinaigre.

BETTERAVES. — Cuites au four, on les pèle et on les coupe par rouelles pour les servir fricassées et avec un filet de vinaigre. Le plus souvent, on les mange en salade, après les avoir fait mariner dans le vinaigre.

ASPERGES, ARTICHAUTS ET CARDONS (entremets). — On nettoye les asperges pour les faire cuire vingt minutes dans l'eau. On les sert à la sauce blanche, ou à l'huile et au vinaigre. On prépare les asperges vertes aux petits pois, après les avoir coupées et fait blanchir à l'eau de sel bouillante. — Les plus gros artichauts se font cuire dans l'eau et sont servis à *la sauce blanche*, ou *à l'huile et au vinaigre*. Les plus tendres se servent *frits*, coupés en tranches ou à la *poivrade*. — Faire cuire les cardons comme les asperges.

Servir avec une *sauce-blanche* ou *au jus*, ou avec une sauce au roux mouillée de bon bouillon ou à la poulette. Les *cardes-poirées* s'accommodent de même.

CONCOMBRE, CORNICHONS ET MELON. — Le concombre, pelé et nettoyé, se cuit à l'eau (un quart d'heure) et s'apprête *à la poulette*, ou, *cru* coupé par rouelles, se sert (en hors-d'œuvre) confit pendant vingt-quatre heures dans une marinade de vinaigre, avec sel et poivre. — Pour confire les cornichons, la manière la plus simple, après les avoir brossés, est de les mettre dans un bocal avec de bon vinaigre d'Orléans, sel, poivre. — Le melon rangé parmi les hors-d'œuvre se sert pour accompagner le relevé de potage. — Le *potiron*, qui sert à faire des potages, peut encore se manger fricassé.

ÉPINARDS (entremets). — Cuits dans l'eau bouillante, vous les mettez ensuite dans l'eau froide pour qu'ils restent verts. Vous les égouttez. Hachez-les et les mettez cuire un quart d'heure dans une casserole avec de bon beurre, sel, farine, mouillant le tout avec du lait ou de la crème; en gras, avec du bouillon. Vous servez avec une couronne de croûtes frites. — *Chicorée cuite.* On la prépare comme les épinards. — *Laitue cuite.* Après les avoir blanchies, même préparation. — *Oseille* (farce d'). Faites cuire l'oseille comme les épinards. Égouttez-la. Mettez-la dans une casserole avec un bon morceau de beurre pendant dix minutes, et ajoutez de la crème. On la sert avec des œufs durs rangés dessus par tranches.

TRUFFES ET CHAMPIGNONS. — Les truffes sont excellentes dans toutes sortes de ragoûts, sauces, hachis, etc. — Les champignons de couche sont, en général, sans danger pour la santé, et parmi ceux des bois on en peut dire autant de la morille et du mousseron. L'usage des autres champignons doit en général être proscrit de l'alimentation. Les bons champignons peuvent entrer dans presque tous les ragoûts.

PLANTES D'ASSAISONNEMENT. — Ce sont l'ognon, le poireau, l'ail, la ciboule, les cives, l'échalotte, la capucine, puis le persil, le cerfeuil, auxquels il faut ajouter les plantes ou graines aromatiques, le thym, le laurier, l'estragon, le basilic, la sariette, la sauge et l'hysope, le poivre, le girofle, la muscade, la moutarde. Les *raves* et les *radis* se servent en *hors-d'œuvre*.

DES FRUITS. Les fruits se servent pour dessert. On distingue les fruits d'été, qui sont les fruits rouges, les cerises, les fraises, les groseilles, les framboises ; les prunes, les abricots, les pêches ; les fruits d'automne, comme les pommes, les poires, le raisin. Tous ces fruits se dressent en pyramides avec des feuilles de vigne d'étage en étage, ou se mettent en compote. — *Des compotes de fruits*. On appelle compote une cuisson de fruits avec du sucre en suffisante quantité pour en faire un manger agréable, mais non pour en faire des conserves ou confitures. Pour faire des compotes de pommes ou de poire, on les coupe par quartiers et on les pèle, puis on les fait cuire dans un peu d'eau, en ajoutant plus ou moins de sucre, et un peu d'eau-de-vie. — Pour faire des compotes de prunes, de cerises ou d'abricots, on se contente d'en enlever les noyaux, et on les fait cuire comme on vient de le dire. Les compotes de fraises et de framboises s'apprêtent de même, mais on les cuit au bain-marie. — *Des gelées et marmelades* de fruits. Quand on exprime le jus des fruits et qu'on le cuit avec assez de sucre pour que la préparation se conserve avec un aspect transparent, la préparation s'appelle gelée ; il y a la gelée de *groseilles*, de *framboises*, de *coings*, de *pommes*. Si on laisse au fruit sa peau, lorsqu'on en veut faire une conserve, la préparation s'appelle marmelade ; il y a la marmelade *d'abricots*, *de prunes*, *de cerises*, etc. — Dans les conserves de fruits ou confitures, il y a avantage réel à mettre en sucre un demi-kilogramme pour un demi-kilogramme de fruits. — Pour compléter ces notions, voir nos volumes *Économie domestique* et *Hygiène de la table*, ou Propriétés des aliments par rapport à l'économie domestique et à la santé.

GILLET-DAMITTE.

SAINT-CLOUD. — IMPRIMERIE DE Mme Ve BELIN.

TABLE DES MATIÈRES.

La Bibliothèque usuelle des Villes et des Campagnes se compose d'un nombre indéfini de volumes sur l'Agriculture — l'Economie domestique, — le Jardinage, — l'Histoire naturelle et l'élève des animaux domestiques, — le Commerce, — les Métiers principaux, — l'Industrie, — les Arts; le tout formant une véritable *Encyclopédie élémentaire*, au meilleur marché possible. Chaque volume de cinquante pages se vend séparément 30 c. et 35 cent. avec planches.

AMENDEMENTS ET ENGRAIS ou l'art de fertiliser les terres. Ce volume fournit, en substance, l'enseignement agricole actuellement donné par la science, sur les moyens les plus sûrs et les plus économiques d'améliorer le sol, de manière à en obtenir des produits avantageux.

ART DES FEUX D'ARTIFICE OU PYROTECHNIE.

Ce volume, accompagné d'une planche explicative, expose avec méthode et à la portée de tout le monde, la manière de faire soi-même, à bon marché, toutes les pièces qui entrent dans la composition d'un feu d'artifice; les pétards ou serpenteaux, les chandelles romaines, les fusées volantes, les bombes, les étoiles, les soleils, les décors; enfin donne les recettes de tous les feux français, chinois, persans, communs ou brillants; à l'usage de tous les amateurs des villes et des campagnes, surtout des lycéens ou pensionnaires en vacances.

PETIT MANUEL DE LA BONNE CUISINE
économique et simplifiée.

Rédigé d'après des notes fournies à l'auteur par un amateur de bon goût, sous le contrôle de plusieurs dames capables dans l'administration d'une maison, il offre à toutes les bonnes ménagères, aussi bien qu'aux fidèles servantes, les moyens de préparer économiquement tous les aliments; malgré le cadre resserré de ce volume, l'auteur a pu réussir à embrasser toutes les parties essentielles de l'art culinaire, et à donner 240 recettes diverses aussi simples que faciles à exécuter.

PROPRIÉTÉS DES ALIMENTS par rapport à l'économie domestique et à la santé.

SOUS PRESSE :

PETIT MANUEL DU CHASSEUR AU FUSIL, par un chasseur rustique.

L'ÉLECTRICITÉE APPLIQUÉE à la Télégraphie et aux communications rapides dans les maisons particulières.

Typ. Chenu, 21, rue Croix-de-Bois, à Orléans.

www.ingramcontent.com/pod-product-compliance
Lightning Source LLC
Chambersburg PA
CBHW050549210326
41520CB00012B/2773